董克平 ○ 著

知味儿

董克平饮馔笔记

青岛出版集团 | 青岛出版社

图书在版编目（CIP）数据

知味儿：董克平饮馔笔记 / 董克平著. — 青岛：
青岛出版社，2022.12

ISBN 978-7-5736-0577-1

Ⅰ.①知… Ⅱ.①董… Ⅲ.①饮食－文化－中国
Ⅳ.①TS971.2

中国版本图书馆CIP数据核字(2022)第227573号

ZHIWEIR DONG KEPING YINZHUAN BIJI

书　　名	知味儿 董克平饮馔笔记	
著　　者	董克平	
出版发行	青岛出版社	
社　　址	青岛市崂山区海尔路182号（266061）	
本社网址	http://www.qdpub.com	
邮购电话	0532-68068091	
策划编辑	周鸿媛	
责任编辑	肖　雷	
特约编辑	刘　倩　宋总业	
装帧设计	毛　木　曹雨晨　任　芝　张　骏	
制　　版	青岛千叶枫创意设计有限公司	
印　　刷	青岛海蓝印刷有限责任公司	
出版日期	2023年2月第1版　2023年2月第1次印刷	
开　　本	32开（890mm×1240mm）	
印　　张	8	
字　　数	159千	
图　　数	167	
书　　号	ISBN 978-7-5736-0577-1	
定　　价	58.00元	

编校印装质量、盗版监督服务电话　4006532017　0532-68068050

多读书，多走路

　　《知味儿》在青岛出版社几位老师的帮助下，即将和大家见面了。出过第一本书后，曾雄心勃勃计划每年出一本，到我写不动字的岁月，估计能有二十多本。这个计划被我的懒惰和疫情中断了，三年来，除了我策划主编的五本书外，没有一本自己写的书。这次《知味儿》的出版，算是这个计划的延续，只是已经不再完整。

　　疫情三年，虽有诸多不便，但我没有停下行走的脚步。每年都有 260 天以上的时间在路上，去不同的城市，见不同的朋友，吃不同的饭。一个旅行 APP 的统计是我平均每五天有一次飞行，每两天就会到一个不同的城市或地区。如果算上乘坐高铁、汽车和自驾，出行的频率肯定要小于五天的。真的很累，却也很值得。

　　疫情刚刚开始的 2020 年，张新民老师对我说过这样的话："小董，你要多走走，多去不同的餐厅，这样可以让大家觉得还有人关心着餐饮人，餐饮人也可以多发出一些声音，让人们知道虽然环境恶劣，但我们一直在努力。"近十多年，我的荣誉、我的生活都来自餐饮行业，现在危机来了，个人虽然微不足道，但很有必要为这个行业做一点儿事，做一点儿自己能够做的贡献。三年未曾停止过的脚步，确实给了餐饮行业一些帮助，也逐渐显示出了效果，这样我就更有信心和勇气继续行走了。

　　不同的行走，同行的多是餐饮界的朋友，有老板，有厨师，也有媒体。过程中，我们有着广泛深入的交流。虽然今天资讯十分便捷发达，获取资讯的方式多种多样，新观念、新菜式只要你想，得到并不艰难。即使是这样，我以为行走还是必须的。古人讲"读万卷书，行万里路"，在今天这句话依然有效，亲身经历，亲身体会对于成长重要且必要的。我对一些厨师说过这样的话："行走的目的是与那些你感兴趣的菜式亲密接触，当你吃到让你感动的那个菜时，你会调动自己的经验和技术感受并丰富这个菜，看菜谱时不会有这种真切的感受，听别人转述更无法和吃到嘴里，慢慢咀嚼得来的明确彻底。也许这就是行走的意义。这是现实与历史的碰撞，是感性和理性的碰撞，只要有心，必有火花绽放。"《知味儿》这本小册子是我行走的记录，边走边想，边走边记，用粗糙的文字记下了一些感受和点滴心得。感谢青岛出版社的老师们，从我几千篇日记中选出书中这些篇目，才有了这本小书。感谢我的助理包着小姐，联络了书中涉及到的人物、企业，为这本书配上了精美的图片，使其有了今天这幅模样。

2023 年 2 月 15 日　董克平

目录

第一篇　知食

美食不仅是舌尖留香，更是文化寻根

第二篇 知味

在游中食，在游中记，在游中悟

第三篇　知营

知人善任，知商善营

第 四 篇　知人

民以食为天，美食说到底也是关于人的故事

知
食

广式月饼畅销的秘密

晚上去老爸那里吃了碗炸酱面，顺便送了两盒月饼给他。老爸很喜欢吃月饼，每天可以当早点吃，真不知九十岁的老人为什么那么喜欢高油高糖的食物。每年到了吃月饼的时节，老爸都会问我有没有吃不了的月饼给他。有，当然有，必须有！我是喜欢吃月饼的，小时候见得不多，吃得也不多。后来才见得多了，吃得也多了。现在是见得更多了，吃得却少了。不是不想吃，只是不敢多吃了。每年到了"月饼季"，我总能见到许多的月饼，挑挑拣拣地尝一下，就算吃过了。到了今年，我就更不敢吃了，高油还好说，高糖真是怕了。

小时候的月饼品种少，价格也不贵，只是那时候人们挣得也少，五毛钱一块的月饼也就成了奢侈品，中秋节时来一块"自来红""自来白"就算过节了。现在是各种馅儿的月饼都有，燕窝、鲍鱼、松露等高档食材都能做到月饼里，价格当然也不便宜。我曾就高价月饼的事儿写过一篇文章，收录于此给大家瞧瞧。

时近中秋，各路月饼纷至沓来。

中国地域辽阔，饮食习惯多有不同，"南甜北咸，东辣西酸"虽然已不能用来判定现在地域饮食的特点，但这句俗语的流传，还是说明地域不同，当地人的口味也不尽相同。地方饮食习惯映射到月饼上，便有了各种各样的月饼。简单的有乡村里自家烤制的加了甜馅儿的月饼，复杂的有苏州地区的鲜肉月饼、广东地区的莲蓉双黄月饼。更有甚者，有些月饼还把鲍鱼、海参、燕窝这类"干货"包了进去。月饼做到这种份儿上，面皮是否香脆、馅料是否可口已经不那么重要，重要的大概是那盒月饼的包装和价格。今天，月饼已经从民间的节令食品，演变成送礼争面子的载体，好不好吃没关系，只要包装好、价格高就可以了。节令食品转身成为送礼佳品，面子的需求远远超过了对月饼的实际内容的要求（这种现象近年来已有所改善）。

确切地说，这一风潮的滥觞是广式月饼。20 世纪 70 年代末开始的改革开放，让广东地区率先富裕起来。财富的力量裹挟着粤港商业文化开始向内地辐射，"到广东去发财、说粤语、吃粤菜"，一时成为内地城市时髦的表征。在北京，广府菜、潮汕菜一时成为高档宴请的代名词，虽然时至今日它们早已风光不再，但是气势依然不小。

广式月饼随着粤港商业文化的兴盛，一时成为大陆月饼市场最得宠的娇儿。在来自各地的各具特色的月饼中，广式月饼一时独步天下，其原因不外乎大家羡慕广东的富庶和当地人在饮食上的讲究。广式月饼给人们带来了新鲜的口感。细腻香甜的莲蓉包裹着的香糯酥沙的鸭蛋黄，彻底打败了"自来红"那干硬外皮下包裹着的冰糖粒、果脯、黑芝麻。又由于广式月饼的包装华贵精美，它们和其他月饼的差距就拉开了。

广式月饼价格高的传统大致可以追溯到晚清和民国初期。即使在中国当时最发达的城市——上海，那里的百货公司里售价最贵的月饼也是广式的。先施公司、冠生园是广东人在上海开办的买卖，民国学者徐珂在《康居笔记汇函》中曾就广式月饼的高价格慨叹广东人的财力丰厚："先施公司之月饼，有一枚须银币四百元者；冠生园亦有之，则百元。"说起先施、冠生园之资本，就不得不提清朝的海禁政策。那时清朝对外贸易的窗口只保留了广州一个，因此诞生了一大批于"十三行"做外贸发家的富人。晚清被迫开埠通商，又是广州等地为先。上海很多洋行的买办都是广东人，这批人是那个年代先富起来的一部分人。富人讲究饮食，顺带把饮馔之道放到了月饼上，于是才有了选料精、制作细、口味好、价格高的广式月饼。趋附与炫耀是人性难以克服的弱点，既然广东人提供了高价月饼这样一个载体，也就不怕没人跟风了。

广式月饼金贵，说起来不过百余年的事情，这期间还有几十年的中断。往上追溯二百多年，根据乾隆年间的文献记载，广东人中秋节根本不吃月饼，吃几个芋头、煮几个田螺就算过中秋节了。《广东通志·风俗》记载了当地的风俗，压根儿就没月饼什么事！广东人富裕之后，把饮食上的奢侈之风带到了月饼上，为中华月饼家族提供了新鲜的口味，也为月饼价格的攀升提供了对标的样本。真不知这是好事还是坏事。

学习宴席文化的心得

有朋友要拍一部和宴席有关的片子，在微信上和我讨论几个问题。我对宴席没有琢磨过，也说不出什么道理来。不过我想如果只是拍宴席的形式和桌面上的那些菜，做一个全景描述式的记录，那么这个片子只有猎奇的作用，不会有太多的文化价值。如果要拍出中国宴席的味道，那么对宴席文化的学习和把握就十分重要了。

吃总是和人联系在一起的，宴席则是要和很多人联系起来，有时更是与群体阶层有着密切的关系。在中国，任何宴席都离不开一个"礼"字。这个"礼"字，不仅是说要懂礼貌、礼节，更要懂秩序和有关尊卑次序的人际整合。

中国的宴席最早写作"筵席"。筵、席是两种编织物。筵为竹编，席为草编，筵大席小，筵铺于地上，席铺于筵上，人在席上坐卧。筵席是古时坐卧具的总称。因为食物要放在筵席之上，所以可能在西周时就开始用筵席代指宴饮了。

筵席可能源于祭祀。当祭祀从巫术中分离出来后，筵席便成了祭祀仪式中的一项重要内容。李登年先生认为："祭祀与人类心理祈求有直接关系，而人类心理祈求首先表现为对食物的祈求。"用好的食物祭祀祖先、神灵，然后飨宴自己。祭祀与饮食有着密切的关系。

而筵席与其他宴饮方式的不同则在于"礼"的介入。李登年先生说："古人在饮食过程中讲究敬献的程序、仪式，把敬献所用的高贵食物称为'醴'，进而把尊神敬人的仪式都称为'礼'。"这个"礼"在日常生活中就是行为规范和道德，在国家政权层面就是治国方略，前者应该是《礼记》，后者应该是《周礼》。

筵席演化成宴席，"乐"的加入是重要的因素。从《诗经》中可以看到，"宴乐"已经是筵席中的重要组成部分。在《礼记》中出现了"燕""飨""食"等有礼制规定的宴饮形式。据李登年先生考证，"燕"引申为"宴"。"宴"字有两个异体字，其中之一是"讌"，"不仅指以酒食款待他人，也含有'乐'的内容"。宴，强调的是筵席要"有礼有乐"，纵观历史，我们发现后世几千年的重要宴会莫不如此，宴席成为通称也就顺理成章了。

中国的宴席，无论是国宴还是家宴，抑或各种交往中的宴请（包括政务的和商务的），无不带有超出饮食的目的，绝不是简单的吃吃喝喝的形式，宴席上的菜式只是表面的承载物。尤其是在人民物质丰富、眼界开阔的今天，中国宴席吃喝背后的东西才是值得认真挖掘和解读的，正是那些藏在食物背后的文化元素，才是饮食文化传承发展的重要力量，也是我们成为中国人的根本所在。

芝麻酱香椿面和宋朝的饮食发展

每年春天的时候我都要上一次房，把从秋天到冬天落在屋顶上的树叶清理掉，顺带摘一些香椿下来。以前都是我上去，今年换成贝贝上去。贝贝说，你的脚还没有好，还是在下面等着吧。心里还是有些担心。小时候淘气，春天上房摘香椿，夏天上房粘蜻蜓，秋天上房打枣吃，每年总是要上几次房的。踩碎过不少瓦片，被大人打过、骂过，不过到时候该上还是要上的。上房不仅好玩还有得吃，孩子总是向往。现在年纪大了，院子里的枣树、核桃树也都不结果儿了，每年也就是春天上房扫树叶、摘香椿了。今年没上去，不知道明年还能不能上了。年纪大了，胳膊腿不如以前灵活了，体重大还笨手笨脚的，有点儿怕把屋顶踩漏了。

香椿洗干净，用盐腌一下，调好芝麻酱，煮好关庙面。这时用滚水烫一下香椿，沥干水，切成细末，拌匀面条，就可以吃了。也可以加点儿醋和辣椒油，但一定要注意量，不能多，多了就会抢香椿的味道了。这一碗面看着简单，可是能吃到从树上摘的香椿搭配的面，也算是有口福了。北京春天很短，城里也不可能有什么野菜、春鲜儿。守着一棵香椿树，真的是城里人难得的福气。

看西敏司（Sidney Mintz，直译为悉尼·明茨。大家通常称其为西敏司）的《饮食人类学》，他提到美国有个中国菜专家迈克尔·弗雷曼（Michael Freeman）。这个专家说："在宋朝，中国烹饪发展中有个重要的（也许是决定性的）因素，那就是当时发生的农业改变。这样的改变之所以重要，首先是因为这些改变增加了食物整体的供应量。"

西敏司说弗雷曼是"中国菜专家"，我觉得应该说他是研究中国饮食文化的专家，当然称之为"中国菜专家"也可以。既然是专家，弗雷曼肯定有当时的统计数据，因而得出宋朝农业相比唐朝末年和五代十国时期有了发展的论点。

中国是个农业大国，农业的发展为宋朝文化的发展提供了基础。我们今天回看宋朝，发现中国封建文化于此到了巅峰。同时，我们还从《清明上河图》中看到宋朝都城东京的商业盛景——街巷规整繁华，酒肆店铺林立。这说明在农业发展的同时，商业也恰逢其时地与其同步发展。人们可以获得更多的食物，同时也改变了对食物的看法，使宋代饮食蓬勃发展。铁质锅具的普遍使用，使炒这种技法逐渐在烹饪中占据重要地位。中国烹饪的基本技法在宋朝基本确立了。厨师作为一种职业也是在宋朝开始出现的，这为中国饮食的发展提供了重要的条件。

农耕社会的根本基础就是农业的发展。东西多了，物质丰富了，有了交换的欲望和可能，商业由此发展起来，可供厨师选择的原材料也就多起来了。商业繁荣带来了旺盛的市场需求，也带来了不同地区的风味菜肴，厨师的见识也随之增长，饮食的发达也就顺理成章了。

以此观点观照改革开放以后中国餐饮业的发展，发现它大致也是这样的情形。1978 年十一届三中全会提出改革，打破观念的束缚，解放了生产力，鼓舞了人们的劳动热情。到了 1985 年，中国人均粮食产量达到了 415 千克。这个数量的粮食让中国人解决了几千年来未能解决的吃饭（吃饱肚子）问题。随后政府鼓励农民扩大禽蛋、肉、奶、鱼、水果、蔬菜等营养性副食品的生产。四五年以后，全国的副食品供应充足，为餐饮业的发展提供了良好的物质基础。

与此同时，政府致力于发展民生，鼓励商业发展，田里、仓里有东西，小摊上、货架上有的卖，于是 1990 年以后，民营餐馆开始大量出现。只不过，这个时期的中国还处在农耕社会向工业社会转变的阶段，因此促进餐饮业发展的内在因素与宋朝基本相同，我们的饮食观念、美食理念也许和宋朝类似，没有质的变化。更新的转变要到 2008 年北京夏季奥运会之后，这就是另一篇文章的内容了。

武大郎卖的到底是什么？

　　无事乱翻书，看到一篇文章，议论武大郎卖的"炊饼"是馒头还是饼。在山东很多地方都有武大郎炊饼配潘金莲咸菜这个吃食。炊饼是烙出来的带芝麻的饼，配上点儿咸菜丝就是武大郎和潘金莲的组合了。这个东西实在没什么好吃的，火烧夹肉总比配咸菜好吃许多，而且这个组合的卖相也不咋地。

　　可能是带芝麻的、味道干香的烧饼更好吃，更适合今天人们的口味，也可以让店家多卖几个钱，所以就有了武大郎炊饼现在的这个样子。如果细究下去，武大郎卖的炊饼可能是现在的馒头，再早叫作"蒸饼"的食物。《水浒传》《金瓶梅》的故事发生在宋朝，蒸饼也是在宋朝改叫炊饼的。因为宋仁宗叫赵祯，祯与蒸的音近似，而古代讲究避讳，君王的名字肯定是要避讳的，为了避宋仁宗赵祯的名讳，人们将蒸饼改为炊饼。小说家也要根据历史实际情况进行撰写，于是有了武大郎卖的炊饼。

　　古时候，面粉做的食物大部分都叫作饼。大家可知道，汤

知味儿　董克平饮馔笔记

饼就是今日的面条？《晋书》中记录了一个叫何曾的人吃饭很是讲究，"蒸饼上不坼作十字不食"。坼是开裂的意思，蒸饼顶部没有蒸出十字花，他就不吃。这种蒸饼不就是现在的开花馒头吗？晋朝的蒸饼到了宋朝变成了炊饼，武大郎卖的可能就是这个。《水浒传》中，武松让武大郎减少工作量，从每天卖十笼降到五笼，早点儿回家休息陪老婆。"笼"在这里可能是武大郎货挑上的容器，也可能是武大郎做炊饼使的工具（笼屉）。由此看来，武大郎卖的就是馒头，而不是现在饭馆里配着潘金莲咸菜卖的那种干硬的带芝麻的烧饼。

蒸饼又叫馒头。野史说，诸葛亮南征孟获时以肉馅包子代替人头祭天神，因为怕天神看出不是真的人头，所以用幔布蒙着，天神闻着香味就不管人头真假了，诸葛亮的军队也就借此蒙混过关。那是用幔布蒙着的肉馅包子，因此就有了馒（幔）头的叫法。

其实，在早年间，有馅儿没馅儿的都叫馒头。南宋胡仔在《苕溪渔隐丛话后集·东坡三》中说朝廷的学校里考试时供应餐食："春秋炊饼，夏冷淘，冬馒头。而馒头尤有名。"炊饼与馒头同时出现，说明这是两种食物。春秋的炊饼是现在北方人常吃的馒头，而胡仔书中说的冬天的"馒头"则是现在我们常见的带馅儿的包子。

秦岭—淮河线是中国 800 毫米年等降水量的分界线，也是所谓南方北方的分界线，还是稻麦文化的分界线。线北吃面居多，线南吃大米居多。面是北方人的主食材料，简单点儿的做法就是把面做成实心的馒头。家里这么做，市场上也有馒头售卖。大米是南方人的主食材料，面食只是调剂，家里很少做。餐馆饭铺为了利润，多把面做成带馅儿的包子，这也是南方的包子做得比北方的精致、细腻、花样多的原因吧。

中国茶走四方

友人麦杰思从伦敦来京，中午在七彩云南大酒楼安贞店一起吃饭。我们是 1986 年认识的，到现在有三十多年了。饭后合影留念。麦杰思的头发白了，我的头发也白了，各自身旁的女儿都已长成大人了。

我送了麦杰思一盒茶叶。他说上次见面时我给他的红茶特别好喝。不过这次给他的是绿茶，是我从峨眉山带回来的。英国人是喜欢喝红茶的，不过老麦在中国生活了很多年，绿茶也是他喜欢的。

英国最早进口的中国茶也是绿茶。由于价格贵，有些不法商人弄虚作假，英国人才慢慢转向红茶的。据说，17 世纪中叶茶叶被引入英国，那时基本上是绿茶。到了 18 世纪末，红茶的销量已经超过了绿茶。罗伊·莫克塞姆说："媒体对掺假绿茶的曝光，以及公众对掺假绿茶尤其是掺假绿茶中所使用的有毒铜化合物染色剂的可以理解的担心，似乎导致了茶叶消费从绿茶向红茶的转变。"

昨晚在"知行天下——梅赛德斯·奔驰S级轿车尊享晚宴"上，遇到了一位中医爱好者，聊天中说到"药食同源"的话题，不可避免地说到了茶。神农尝百草，发现了茶的解毒功能——神农尝百草，日遇七十二毒，得茶而解之。这算是药食同源的一个重要依据。我倒是觉得，神农是农不是医，神农尝百草为的是找吃的东西果腹，而不是找药。先人为了填饱肚子，尝试各种能吃的东西，然后发现了谷物，也发现了各种菜。菜，按照《说文解字》的解释就是一切可以吃的草（菜，草之可食者），所以大家可以看到，表示菜的汉字会有草字头。按照这一思路，茶应该也是"菜"。至于其解毒功能，可能是后来才被发现的。

几千年以后，当欧洲人发现中国茶并把中国茶带到欧洲时，开始看重的也是茶的药用功效。在英国1660年前后的一份茶叶的广告中，作者用了很长的篇幅介绍了茶叶的好处，其中很大部分说的都是茶的药用功效。这和中国早期对茶的认识倒是一致的。

有一次吃饭时，钢琴家赵胤胤说起红酒，他的一个观点启发了我。有人问他为什么中国古代没有红酒，中国现在做的那些红酒感觉又如何。胤胤说："老天爷是公平的，他把茶给了中国人，所以把葡萄酒给了欧洲人，中国人把茶做到了极致，欧洲的葡萄酒则是丰富多彩，因此也就别想中国能做出什么好的红酒来了。"

这个观点我很喜欢，但是肯定会遭到中国那些酒庄老板和顾问的反对。抛开利益层面的各种关联，单从品质上讲，目前中国还真没有什么好的红酒。胤胤说，那些喝着感觉还不错的国产红酒，性价比已经严重扭曲了。四千多元一瓶的国产红酒，也就是欧洲三分之一价格的红酒的品质。如果把世界看作是一个共同体的话，国产红酒的努力实在没什么意义，尤其红酒这东西既不是生活必需品，也涉及不到国家的食品安全问题。

这个问题反过来，在欧洲也是存在的。在茶叶进入欧洲后，18 世纪末它已经成为英国人生活中的必需品，在法国也曾经风靡一时，但是也只有英国人、荷兰人保持了对茶饮的热爱，在法国茶叶很快被咖啡和葡萄酒取代。法国著名历史学家费尔南·布罗代尔的说法是：茶叶只有在那些不生产葡萄酒的国家才能够真正受到人们的喜爱。布罗代尔的说法有些调侃的味道，不过倒是对胤胤观点的一个佐证。

1662 年嫁给英国王室查理二世的葡萄牙公主凯瑟琳·布拉甘扎让饮茶成为宫廷时尚，影响到上流社会和富人阶层，往下蔓延成为英国人的日常，这也让英国进口茶叶的量有了飞速的增长——"在 18 世纪的第一年，英国的茶叶消费量，即使加上走私茶叶，也不到 10 万磅（1 磅 ≈ 454 克）；而到了该世纪最后一年，茶叶的消费量达到了 2300 万磅，增长了超过 200 倍。英国的茶叶进口量如此之大，以至于人们担心没有足够的银子从中国人那里购买茶叶了。"

　　于是鸦片出现了，再后来，还有了鸦片战争，中国近代史的帷幕因为茶叶贸易被坚船利炮拉开了。当然，导致鸦片战争出现的原因有很多，这可能是其中的一个吧？

原产地真的重要吗?

手头还有一百三十本书,包着(笔者的朋友)说有人要了,但是人家要签名版。我明天一早就要出差,今天下午还有一个活动需要出席,所以只有上午和中午的时间可以签了。书在柴鑫师傅那里,微信联系了柴鑫,上午十一点多我就去了乡味小厨,刚坐下,包着也到了。我用了半个小时把书签完,将书仔细打包好,柴师傅早就安排了几道菜,我们顺带把午饭解决了。

穿了一件红色的帽衫,他们说人都显得喜兴了许多。

董克平穿红色帽衫签名

我吃了一个酸菜蒸饺，饺子真是个儿大馅儿足。我说好吃，包着问我怎么好吃。我愣了一下，回答说："就是好吃呀。"包着说："就没有什么词能形容一下？"这说话的间隔，我脑子回过神来，忽然觉得这个酸菜蒸饺的味道就像小时候姥姥给我们做的蒸饺的味道——东北的酸菜，东北的红薯粉条，加上一点儿猪油，酸香油润还有嚼头，又香又开胃，可不就是好吃吗？

　　包着小时候没吃过酸菜饺子，所以她没有这样的体会。两代人，对食物的记忆肯定不一样。我们小时候，每到冬天家里总会储存大白菜，姥姥就会渍一缸酸菜，整个冬季里也就会吃上那么几次酸菜饺子。当然，也只能是几次——因为酸菜"吃油"，油大了酸菜饺子才好吃，但那时油、肉都是凭票供应的，可不敢放开了吃。对于小孩子来说，只要做了酸菜饺子，必定是有了猪油或者肥膘肉，这样的酸菜饺子一定有好味道，必然会留在少年时代的味道记忆里。

　　吃了酸菜饺子，再来一锅酸菜白肉，等于是在乡味小厨吃了一顿东北菜。柴鑫师傅刚刚从东北采风回来，马上要推出东北菜美食节，我这算是先做一次"小白鼠"了。酸菜白肉这个菜我也喜欢，酸味总是可以唤醒味蕾、打开胃口的。葱花饼和酸菜白肉算是绝配。我小时候就很喜欢这样的搭配，现在依然喜欢。宫保鸡丁味道很棒，我尤其喜欢里面的花生，香香脆脆的。

知味儿
董克平饮馔笔记

1. 酸菜白肉
2. 葱花饼
3. 宫保鸡丁

下午我去了国家会议中心，参加《中国烹饪》杂志社举办的主题为"从原产地到餐桌"的论坛，听取了厨师、生产商、专家、餐厅经营者等多方人士的讨论，大家从各自的角度阐述了对原产地食材的看法。

我在这个问题上的观点和史军博士的相近，对于食材的原产地我们并不太重视，更愿意相信在好的环境里、在科学技术的指导下生产出来的原材料的品质是可以达到很高的标准的。

史军博士举了猕猴桃的例子。猕猴桃这种水果的原产地其实在中国，1906年猕猴桃树开始在新西兰种植。经过多年的培育，新西兰已经成为世界猕猴桃出口大国，而且新西兰人将标准化做得很彻底，使得在新西兰生长的猕猴桃在一年四季都能保持糖分、水分、口感的基本一致，也正是因为这样的原因，世界各国都认可新西兰的猕猴桃，而作为原产国的中国却没能做到这一点。

食材、原材料讲求的是安全性、稳定性和营养性，这几点离开科学管理、科学种植是很难做到的。今天结识的一位在深山里采集野生蓝莓等野生山货的供应商说，他离开北京、离开都市的原因是厌倦了都市的嘈杂与混乱，到深山老林里可以享受那一份山野的安宁，那种手工劳作的简单质朴和崇尚天然的淳朴。也许，比起多数都市人的生活，山野里的手工劳作看似悠闲，令人着迷，但是这种生活状态远离我们现代社会的结构，也无法满足自身的生活需求。而且当那些劳动者要获取生活必需品，或是需要用劳动成果换取利益的时候，还是得回到现代社会中来，否则就无法生活。同时他们的劳作成果，只能供少数人享用，与普罗大众无关。追求原始状态的安宁、平静、悠闲、平等的情怀，最终不过是成了天平上的一颗有倾向性的砝码，这与离开都市的初衷已经南辕北辙，相悖而行了。

第一篇 知食

许家菜的故事和
辣味成为川菜主旋律的原因

　　前两天看了一篇文章，说川菜一定要辣。文章的作者去了一家川菜馆子，吃完的感受就是不辣的菜全军覆没，辣的菜高分好评。因此作者说不辣就不是川菜，川菜一定要辣。在文中，作者顺带对那些说"传统川菜中不辣的菜居多"的各路人士冷嘲热讽了一番。想想，我也"中枪"了。

　　川菜辣不辣？辣。有没有不辣的川菜？有。不辣的川菜多不多？多。不辣的川菜好吃不好吃？好吃。我觉得凡是一个有正常识味辨味能力的人，都能接受我这个论断。刚好近日吃了许家菜，吃了这么几个菜，更坚定了自己的想法。

　　清汤鸡豆花就是川菜里不辣的菜。它也是国宴菜，一点儿都不辣，根本看不到辣椒等辣味元素的影子。鸡豆花的美妙其实全在汤上，川菜汤头讲究的是"一煮，二扫，三堕"，这道菜将其诠释得淋漓尽致。

　　我翻阅现在川菜的菜谱，可以看到很多没有辣味元素的菜肴。这些菜四川人吃，四川之外的人也吃；嗜辣地区的人喜欢，非嗜辣地区的人也喜欢。这些源自巴蜀并被巴蜀人喜欢的菜肴，也是川菜的一部分，而且是很大一部分。按照车辐老先生的说法，辣味的川菜只占川菜总量的三分之一左右，并不是所有的川菜都是辣乎乎的。

第一篇 知食

25

辣椒进入中国四百余年，关于中国人食用辣椒的最早的文字记录可能是成书于清朝康熙六十年（公元 1721 年）的《思州府志》，书中记录了贵州土苗人以辣椒代盐的事情。在此之后，贵州周边的四川、湖南、云南等地开始陆续出现食用辣椒的记载。到了清朝同治年间（公元 1862 年～ 1875 年），四川省广泛地种植辣椒，由此，辣椒开始进入平民饮食中。到了1900 年前后，因为辣椒的进入，现代川菜逐渐形成，但是这一时期不辣的菜在川菜中依然占据着重要地位，辣菜只是在庶民饮食中较为流行。虽然辣菜已经是百姓基础饮食的重要内容了，但此时还不是川菜的主流。这是因为辣椒进入饮食是从底层开始的，长期以来只在劳苦百姓中流行，是作为缺油少肉饮食的下饭菜出现的。

有一句俗语说：穷人解馋，辣和咸。这说明了辣椒在饮食中的作用，以及食辣的阶层属性。因为它是穷人的饮食，所以士大夫阶层是拒绝的。中国人讲究的中庸之道也会作用到饮食上，而辣那过于刺激的味道是违背这一原则的，士大夫阶层、文化人是不肯接受的，以致咸丰年间吃辣虽然已经开始流行起来，曾国藩还要偷偷地吃辣椒，怕被别人看到。

曹雨先生（《中国食辣史》作者）认为，辣椒能扩散是因为它用地少，产量高，对土地要求低，扩散是伴随着中国农业"内卷化"的趋势——"人口的增殖使得缺地的农民的副食选

1. 麻婆豆腐拌饭
2. 怪味脆香肉

择越来越少，不得不将大量的土地用以种植高产的主食"而来的。这时上面讲过的辣椒的种种好处便展现出来，迅速在西南地区的山区扩散开来。

曹雨先生还说："辣椒在南部山区贫农中受到欢迎，这种情况也给辣椒打上了'平民的副食'的阶级烙印，这种烙印使得辣椒难登大雅之堂，即使在传统食辣区内的大型城市和（乡村）官绅富户之家，食辣也不普遍。"不过，中国近现代史上一系列的革命运动，将中国的"贵族传统"打破了，革命打破了旧有的阶级和阶层的格局，饮食格局也由此被打破，"（饮食格局）碎片化，这才使辣椒有了被社会各阶层接受的前提条件。"

到了1949年，劳苦大众当家做主了，贫民饮食自然可以登上大雅之堂了，同时大众饮食主食不足、副食缺少、缺油少肉的局面暂时也没有改观，辣椒作为调味副食的作用依然明显。但是即使这样，食辣的饮食习惯也只集中于一定的区域内。

然后，逐渐出现了全国性食辣的现象：以西南地区为中心扩散，北到陕西关中地区，南到广西柳州地区，东到浙江衢州地区，西到青藏及新疆地区。东部沿海和华北、东北地区广泛吃辣，还是因为改革开放以后出现了民工潮和"移民潮"，打工者把吃辣的饮食习惯带到了全国各地。这些食辣地区的打工者开始时所能出入的餐馆多是一些低端的家乡风味餐馆。随着他们的长期留驻，家乡风味也就植根于工作所在地了，继而影响到当地人的饮食。十几二十年过去，食辣一族已经遍布全国各地了。这也是非传统食辣地区对川菜认识的过程。那些不辣的川菜没有被打工者带出，由此造成了非食辣地区对川菜认识的缺失。当代社会紧张节奏带来的压力让人不适，而吃辣可以带来"良性自虐"的快感，因此出现"不辣不川菜"的观点也就不足为奇了。

说回许家菜，好哥们许凡是湖北人，在成都开餐厅出了名。他在成都开的许家菜是黑珍珠一钻餐厅。其实一个湖北人来做川菜多少有点儿"先天不足"——许凡不是土生土长的四川人，而有些烟火气的东西是生长在四川人骨子里的，不是原住民很难体会到那股劲儿。这可以说是许凡的一个弱项。但，凡事都有多面，不是土生土长，他也就少了一些束缚，或许可以大开大阖地做出许凡自己的川菜——许氏新川菜来。

过去和将来的饮食的发展，都是在融合借鉴中进行的，川菜也不是一成不变的菜系。历史上，川菜经历了三次较大的融合借鉴：一次是清朝初年，北方人进入四川，辣椒和面食也是这个时候大规模进入四川饮食的；一次是抗日战争时，下江人大量涌入四川，带来了华北、江浙一带的风味；一次是改革开放后，粤菜北上，带来了新的食材和调味方法。经过这几次的融合借鉴，才有了当代的川菜。

厨师界有句话，说："有传统无正宗。""传统"是个过程，饮食每时每刻都在发生变化；"正宗"只是大家对阶段性的味道给人的固定感受的描述。随着时间推移，味道总有变化。一个湖北人进入川菜界，也就没有太多条条框框的约束，在川菜的世界里倒是可以借鉴其他的菜系尽情发挥。于是也就有了"天府掌柜"，有了"许家菜"。许凡说，他来四川很多年了，从吃湖北的辣椒到吃四川的辣椒，在这个过程中的几十年里，他也算是适应和了解了。只是传统川菜用油比较多，虽然香味足，但现在的人们怕油多，因此既能保持川味又要减少用油就是许凡努力的目标了。

吃到许家菜，还真感觉到了许凡的用心，油用得不多，味道确实不错。胡元骏老师说："我一直觉得，其实经常在外面吃饭的人，对餐厅是否有诚意，真的是一口就能吃得出来。是否'有诚意'是我评判餐厅好坏的唯一标准。许家菜的诚意绝对是满溢的。从几道凉菜开始，他们就已经让我们几个还算吃过见过的人不好意思起来——端上一道菜立马'光盘'，用好吃来形容已经不足以说明什么了。"

介绍几道菜。

1. 蒜泥云白肉
2. 椒麻脆皮鸡
3. 椒汁水库翘壳王

这里的蒜泥云白肉，是我吃到过最顺口的蒜泥白肉。蒜泥白肉必须用江油产的中坝酱油加工调和成红酱油辅以蒜泥，才对味。

　　椒汁水库翘壳王是我今天印象很深的一道菜。许家独创的鲜花椒、鲜青椒调和的椒汁一浇入，鱼肉嫩滑、味微微辣，鲜香无比。除此，还有家常和葱香两种口味选择。下次得试一下其他的味道，要吃这道菜必须提前两日预定。

　　泡菜芝麻蟹是用每日供应的鲜活大青蟹，以四川泡菜、榨菜炒汁，撒入手工炒香的白芝麻烩制而成的，开盖极香，酸辣开胃，味道鲜美，里面还有魔芋、海鲜菇。

　　我觉得好吃，朋友们也觉得好吃。一家川菜能从成都开到北京是不容易的。只有保证菜品的质量，才能给北京上一碗成都味。不过许凡觉得还是有些欠缺，正在调整菜单和餐具，我们有理由期待两个星期后的许家菜更加精彩。

聊聊北京菜和地方风味

　　来到北京宴，和小彭一起梳理菜单，我们需要找一些有北京特色的菜式，就是那种听到名字就能联想到北京城的菜品。几个人讨论得很热烈，你来我往中，倒也理清了几个问题。

　　几年前给《中国烹饪》写过一篇专栏文章，说了说北京家常菜的进化史，其中也说了一点儿北京菜。在此，和讨论的东西放在一起和大家分享。

北京家常菜的进化

　　受地理、历史、经济等多方面因素的影响，中国的饮食逐渐形成风味迥异、技艺多样的局面。一般认为，唐宋时南北菜肴开始自成体系，元朝之后鲁菜、淮扬菜形成规模，清末川菜、粤菜形成体系，这就是所谓的四大菜系。近现代以来受人、物、文化等影响又有了浙菜、湘菜、闽菜、徽菜，最终形成了最具代表性和影响力，同时又被社会所公认的"八大菜系"——"鲁、

第一篇　知食

苏、川、粤、浙、湘、闽、徽"。这其中没有北京菜的位置。明清以来，北京大部分时间是国家的首都，一直是一个美食聚集的地方。八大菜系中没有北京菜，不是说北京没有好吃的，而是说北京地方菜式的影响力不够大，难以成为一个独立的菜系罢了。

随着北京的影响力越来越大，便有人说起了"北京菜"的概念。但什么是北京菜呢？目前大家比较认可的定义是：北京菜是由宫廷菜、官府菜、饭庄菜、庶民菜等几部分组成的地方风味菜。宫廷菜、官府菜从来不是北京菜的重要内容，可以称为北京菜主干的大概是饭庄菜（其中多数又是山东菜）和庶民菜。庶民菜是比较文雅的说法，其实就是家常菜，是胡同院子里老百姓居家过日子常吃的那些菜。

大概是在 20 世纪 80 年代末期，北京开始出现家常菜馆，做一些老百姓家里常吃的菜。红烧带鱼、西红柿炒茄子丝、排骨炖扁豆等菜式也从家庭餐桌进了餐馆。虽然这些菜式很家常，可以归属到家常菜的序列里，但是在过去艰苦的岁月中，大家只有在家庭改善生活时才能吃到这些菜。简单的家常菜肴不仅能饱腹，还能引起一些美好的回忆，于是家常菜馆很快就在北京风靡开来。

几十年来，家常菜的内容也有很大的变化，这和北京城的变化分不开。北京的城区从二环扩展到五环，北京也逐渐成为一座"移民"城市。随着外省市人的入驻，各地风味菜肴也开始陆续进入北京，于是北京味道也变得丰富多样了。家常菜在京味菜的基础上又增加了其他的地方风味菜，北京家常菜馆的菜单上加入了鱼香肉丝、宫保鸡丁、剁椒鱼头、梅菜扣肉等其他菜系的菜式。这些地方风味菜肴成为"新北京人"喜欢的家常菜肴，地方风味菜也已经成为北京餐厅菜谱的重要组成部分，这也是当下北京味道的重要组成部分。

现在北京城里有很多家常菜馆，菜做得好的并不多——果腹当然没问题，要说好味道那就难以做到了。做家常菜说简单也简单，但要想做得好也不是件容易的事情。认真的态度和不错的技术是做出好味道家常菜的基本前提。

在一个关于重庆小面的访谈中，陈晓卿强调要想做出地道风味就要所有原材料都来自当地，也就是在地因素是地道风味中最为重要的因素。对于重庆小面，我没有陈晓卿那么深刻的了解、认识，不过我也认识到，在四川之外的地方吃的川菜与在四川本地吃到的川菜还是有很大区别的。环境不同了，空气中的味道都不一样了，风味不可避免要发生变化。这里面有个环境加成的问题——每个地区的农作物、农副产品都有在地风土的味道，与当地的自然地理环境、气候环境密切相关。土地环境、气候环境这些因素的叠加，就是风土，也是风味形成的本质因素。风土难以测量，更搬不走，因此风味的形成有一种在地的神秘因素，这种神秘因素使得风味离开原地就难以复原，所以陈晓卿会对重庆小面做出如此解读。这也许就是《风味原产地》拍摄的初衷吧？

知味儿

董克平饮馔笔记

礼失而求诸野和家常饭

北京这两天下大雪，夜里开始下的，早晨胡同里已经白了。天空晴朗，空气质量很好，PM$_{2.5}$（细颗粒物）值居然是个位数。这样好的天气里，街道上还是没有人。

有人说，一下雪北京就变成了北平。不知道这是说现在的北京不好还是说下雪让北京变美了。其实，就算下刀子，北京也变不成北平，真变成北平你也未必会喜欢。就像我们平时总是抱怨堵车一样，现在倒是一路畅通了，可是你喜欢这样的北京吗？

夕阳下的什刹海真是漂亮，人稀少得让风都变得更加凛冽。我还是喜欢年节时的熙熙攘攘，有人气，也有人为我挡风。

待在家里不出门，一天三顿饭都在家里吃，这样倒是可以体会到吃饭的乐趣。在外面吃那些宴请应酬饭，虽然也是吃饭，但吃的重点不是"饭"，而是菜。中国饭的乐趣，或者说中餐的妙处，在菜也在饭，一口饭一口菜，饭菜交替入口，才能体会到饭菜合一的吃饭的乐趣。

宴请应酬，与菜相伴的多是酒，中国酒外国酒觥筹交错。作为主食的饭一般在饭局结尾时才出现，有时没有也无所谓。在家吃饭，是真正的吃饭，是吃饭和吃菜交替进行的。中国的饮食从一开始就是饭菜的对立统一。最早的粒食可能是粟，粗粝无味，要用有味的羹、菜送食。羹、菜不仅有味，还有润滑的作用，可以让粗粝的粟米吃起来容易一些，以饭之无味衬出菜之有味。也正是因此，中餐从一开始就是饭与菜的对立统一。一餐饭因为菜饭分别盛放，只能一分为二，又在进餐过程中合二为一了。

在家吃饭现在也可以吃到外面的饭菜了。我在朋友圈里说，不出去吃饭也可以吃到大董。可以叫来一桌像样的宴席，质量好，味道好。当然这不是生活的常态，现在不是过年嘛，现在不是处在特殊时期嘛，吃个大董慰劳一下自己和家人也是应该的。

据说发生了几次地震之后，成都人在吃上可敢花钱也舍得花钱了，最近成都开了不少人均消费在 500 元以上的川菜馆，每家生意都还不错。看来成都人是想明白了，与其被动接受世事无常，不如主动消费犒劳自己。对于普罗大众来说，即时的享乐永远比远大的目标来得实在快活。如果有能力还是吃点儿好的吧！按照较低的标准来说，人生一世，属于自己的不过食色二事，吃点儿好东西，主动权还是在自己手里的。

把前晚从眉州东坡买的吃剩的鱼香肉丝热了一下拌面吃。锅里还剩下一点儿菜汤，撕了一点儿牛心白做衬菜，面、菜、肉拌匀了，吃起来真是不错。因地制宜，因陋就简，宅在家里就要想方设法给自己变换点儿口味。已经待烦了，如果再吃烦了，这日子就没法过了。

高成鸢先生说，古代也有宴席，但是有身份的人喝的是黄酒，一般人家喝的是米酒（有的地区称之为醪糟），而且喝得很多。这些都是粮食做的酒，某种程度上也是饭，喝这类酒也就等于吃饭了。元代有了高度白酒，但还不普及，宴席上喝的和唐宋人差不多。现在的宴席很多人是喝白酒的，它虽然也是粮食酒，但是因为度数高，量就少了许多，与菜的分量比例悬殊，失去了酒与菜之间的平衡，因此体会不到酒菜交替的乐趣。

也有宴席上喝葡萄酒或者其他果酒的，但果酒不是粮食酒，喝果酒难以体会到中餐饮食中饭菜交替这一过程所带来的乐趣。想到有时吃宴席，如果上了一道红烧肉或者响油鳝糊这类的菜，我总是会让服务员配上一碗米饭。在大董吃饭，如果你叫了伙食海参这道菜，那店家一定会配着一碗米饭呈上来，只有这么吃才能体会到菜的香美。

　　这些天宅在家里，天天在家吃饭，一锅饭三四个菜，很简单却也是很认真地一口饭一口菜地吃，也真是觉得这样吃饭香。所以高成鸢先生说，要"保护"中餐，主要靠"饭菜交替"的家常饭。这也是"礼失而求诸野"在饮食上的诉求吧！

凉菜、凉拌菜你真的搞清楚了吗？

今天录的一期影视节目，要我说说凉拌菜。

想了想，"凉拌菜"这个说法大多是指家庭里简单制作的一些凉菜：小葱拌豆腐是凉拌菜，拍黄瓜、拌茄泥、老虎菜这类菜也是凉拌菜。凉拌菜材料简单，制作方便，基本上算是随手就可以做的家常小菜。

但要说"凉菜"，那怕是要上个档次了。酒楼饭庄子是以"凉菜"称呼那些在主菜、大菜上来之前的下酒菜的。这种菜材料可简可繁，调味汁、酱汁也要丰富许多，在川菜中表现得尤为明显，像夫妻肺片、红油兔丁、口水鸡、蒜泥白肉等就是典型的代表。

广东菜则基本上没有凉菜的概念。广东菜有卤水和烧腊，但很少有调味的凉菜，这大概和岭南的气候特点有关。

记得有一年夏天，我岳母来北京的时候，妻子做了一个拍黄瓜给她吃，没想到岳母见了这道北京人在夏天里最常见、最普遍的凉拌菜，却对自己女儿发火了："我这么远来北京看你，你怎么就用这个打发我？"妻子很委屈，解释说这是北京人夏天常吃的凉菜，没有丝毫怠慢的意思。岳母说："广州人吃凉菜吗？这种生黄瓜能当菜吃吗？"第一天就惹得自己母亲不愉快，妻子真是郁闷极了。没办法，京粤两地的饮食习惯不同，没有凉菜概念的广州人实在不能理解北京人夏天饮食的简单粗暴。

　　淮扬菜中凉菜是比较丰富的。拌干丝是扬州家家户户都会做的，在扬州街上随处可见卖咸水老鹅的摊档。根据淮扬菜而成的满汉全席中的淮扬风味的凉菜更是多种多样。江南一带的丰盛与富足在淮扬菜的凉菜上有着很好的体现，围碟、看碟不说，大菜上来之前佐酒的小菜，就足以让人眼花缭乱。水晶肴肉、高邮双黄蛋、醉蟹、风鸡、桂花藕等，风味各异。丰富厚重的基层饮食和精致奢华的盐商美馔构筑起淮扬菜的博大精深的体系，凉菜就是其重要的组成部分。

　　我说了半天，可能也没能说清楚两个概念的区别。不过，凉拌菜只是凉菜的一部分，凉菜是包含凉拌菜这个观念的，这一点我是清楚的。凉菜样式更多，内容更丰富，凉拌菜相对简单一些，家常一些。

关于个人饮食的采访

这是 OLE（一个新媒体的名字）新媒体对我的一次采访的记录。什么时间进行的我已经不记得了，回家收到快递来的成书，才知道还有过这样的一次观点的暴露。看了一下，基本观点一直保持着，算是我的饮食观吧。

问：除了解决温饱问题之外，食物在你的生活中还扮演什么样的角色？

答：它对我来讲非常重要。其实一开始我没有把研究食物当作我的工作。它是我的兴趣所在，能给我带来很多的欢乐。但我慢慢地发现，做这个事情也能挣到钱，养活我和我的一家人，我觉得这事儿挺好的。（现在我经常说的一句话是：用自己的吃喝换来一家人的吃喝。）

问：以你自己的口味评价食物好不好吃，你会用什么标准？

答：其实最简单的标准就是你自己喜不喜欢。你说让一个吃软烂食物的人，去吃爽脆的东西，那他肯定不行。你让我爸爸吃广东的白切鸡,他肯定不吃。他会说:"这不还有血呢!"

问:去外面吃饭,有遇到不好吃的时候吗?

答:有啊。有一次我在北京一家著名的做北京菜的餐馆吃饭。厨师炒了一道醋熘白菜。我跟他们老板一起吃的,我一吃,就跟老板说,你把那个厨师叫出来,让他对这个白菜说对不起。我不是说他炒得好还是不好,一看就是不认真。像这样的餐厅,糖、醋比例都是配好的。这种时候,如果菜品有菜的断生问题、辣椒的香度问题或是其他问题,一入口你就知道了。

问:如果把文化投射进食物,是不是无法做出哪种食物更好吃的判断?

答:从"文化相对论"上来讲,没有哪种文化比另一种文化更高明,或者说,没有一种食物比另一种食物更好吃。但是从烹饪发展上来讲,我们可以知道,一种食物是否包含更多的技巧,是不是让食材的本性更多地发挥出来,或者说,是不是把技艺和文化相结合,让食材产生更好的味道,这是需要进行评判的。

问:家人、朋友怎样评价你的厨艺?有什么拿手菜吗?

答:我做菜挺好吃的,但是没什么拿手菜,顺手就做了。我在外面吃饭,更多的是寻味,去找那些熟悉或不熟悉的味道。家里吃饭,吃得更多的是放松和心情,心情好了,什么都好了。

和你心爱的人一起吃饭，即使吃糠咽菜你都觉得舒服。

问：去外面吃主要是"寻味儿"，那么中国还有哪些地方没有吃过？

答：没吃过的地方太多了！目前是所有的省份都去过了，所有的省会城市都去过了，但是中国太大了，走遍所有的县城是件很困难的事情。我觉得每一种方言背后都蕴藏着一种风味，而以八大菜系来划分实在有些懒惰了。

问：你在书里说："味道习惯也是有记忆的。小时候熟悉了的味道，就是记忆中的美食。"你记忆中的美食是什么？

答：我是这么想啊——我饿了的时候，最想吃的就是饺子。因为饺子在我小时候就代表着年节，现在我觉得它菜饭一体，方便、实惠，又很香。别人老问，你最喜欢吃什么呀。其实想想，你很难说出最喜欢吃什么，但是你饿了的时候最先想到的那个食物，就是你最想吃的东西。

问：在家和外面吃饭，会有什么比较讲究的事情吗？

答：不讲究，但不将就。不好吃就不吃，转身走了就是了。在家里面很少有这样的情况，因为所有的饭都是你和家人商量后决定做的。妻子问我吃什么。我说你蒸个米饭炒个醋熘白菜吧！看似随便一说，其实就是你心里想念的东西，做出来就是你想吃的。

问：闲暇的时候，有什么爱好吗？

答：没有太多，主要就是看书，什么书都看。我最近在看《中国1945》和《饕餮之欲——当代中国的食与色》。闲书、专业书都看，闲书看得多，有时候会从闲书中看到许多和食物、食俗相关的有趣的东西。

问：你现在向往什么样的生活？

答：我想年轻，可是我不再年轻；我想吃很多东西，可是已经吃不动了。内心里我渴望恣意汪洋地活着，好吃就吃它个够，但现在却要拼命地限制自己。即使再好吃的东西，也要"浅尝辄止"，只是为了还能多吃几年，多见识一些新奇的食物。

小吃不小，道理深远

10月14日的午餐，除了那些经典的川菜外，几道小吃让我记忆深刻，每一款都好吃，每一款都是我第一次听说、第一次见到的。这些年我去过四川的很多地方，也算是吃过见过的人，可是这次在兰庭十三厨，吃到的、见到的还是把我惊呆了。短短两天的经历，让我再一次领略了川菜的博大精深。已故的四川著名美食家车辐先生曾经说，川菜菜品见诸文字的有上万种，有详细记载的有五千多种，这样庞大的数字，就算倾尽一生的时间，怕也不能样样吃过吧？14日午餐的几种小吃，于我来讲就是既新鲜又新奇的，虽然我是以研究吃喝为生的人，但很多小吃我仍是感到闻所未闻。

第一道是菜单上没有的一种面，兰师傅说这个叫油醋面，还有个俗名叫"拳打脚踢"。因为做这个面需要师傅在灶台前一边煮面一边调味，师傅有点儿手忙脚乱，很是狼狈。我见过很多种小面，这种面是第一次吃。酸香微辣，烫口热鲜，虽然是最后上来的，但我还是两三口就吃光了。

第二道是豇豆筲饭，这是绵阳人家家都会做的一种饭食，是用大米和豇豆加入腊肉丁一起焖制而成的。兰师傅说，做这个饭如果用煤气火是不行的，火太硬太集中，饭的香气出不来，锅巴也不好吃。用柴火就对了，火软且均匀，焖出的饭是米香、豆香、腊肉香融汇一起，饭被油脂润了，加了味儿。我白嘴儿（不搭配其他菜吃）就可以吃两碗。要是拌上潼川豆豉炒肉末辣椒一起吃，就是三碗也挡不住。今天的豇豆筲饭中还加了黑松露，传统中有了新意，味道愈发浓郁了。

第三道是老瓦沙，这是川北的一种小吃，有点儿像北京的疙瘩汤，也有点儿像山西的拨鱼儿。陕西也有类似的吃食。西安的老妖说，这个吃食的源头在陕西，叫"老哇撒"，名字听起来都差不多。只是兰庭十三厨这里做得很细致，成品香香润润的，吃起来很舒服。

后来又上了一道砖封腊肉，"砖封"是早年间四川人为躲避土匪掠夺而发明的一种保存食物的方法。四川人将腊肉做好，用南瓜叶包裹紧实，封在砖泥中，随意地放在房前屋后。这样看上去那只是一堆砖泥而已。建筑用的砖泥要加稻草，而封腊肉用的砖泥加的是番薯秧。寻常腊肉一年后容易有异味儿，而砖封腊肉三五年都不会变质、变味。吃的时候敲碎砖泥，洗净，蒸、炒皆宜。我们今天吃的是底下垫着竹笋蒸熟的，味道醇厚香美，宜酒宜饭，与寻常腊肉相比，别有一番风味。

四川小吃很多，味道变化也多，川菜的二十多种味型在小吃中都有体现。小吃的丰富与美味，构建了川菜丰富美味的基础，也让川菜在传承中始终保持了自己的"魂"，保持了十足的四川味道。在和陈立老师聊天时，我们谈到菜式的发展，陈立老师有这样一番说法。大菜、宴席菜在发展——尤其是在当代交流频繁、资讯发达的形势下，容易并已经发生了太多的改变，这是在社会消费发展的逼迫下的自觉或不自觉的变化。相对于大菜、宴席菜的变化，民间小吃的变化就相对小了很多。小吃，平民饮食的闾巷烟火，因为接地气与平民消费能力的原因，变化相对缓慢，它更大程度上保持着本地区饮食口味的传统。小吃丰富的地区，区域口味的特色就纯粹一些，这种情形让厨师对古早味（闽南方言，是闽南人用来形容古旧的味道的一个词，可以理解为"让人怀念的味道"）的追求"有了模板"。

从兰明路以及兰庭十三厨的出品来看，他们大菜做得好，传统菜做得地道，与他们对川味小吃的精准把握有着极为重要的关系。小吃地道，大菜也就有了根，大菜精益求精，又可以提升小吃的呈现。小吃不小，也是有这番道理的吧？

苜蓿酿洋芋：家乡食物的魅力

　　《中国味道》这周仍在拍摄。今天上午去导演组开会，说说节目里要出现的那几道菜。其中一个是陕北榆林地区的吃食，叫作"苜蓿酿洋芋（土豆、马铃薯）"。

　　土豆以前是西北地区人们主要的食物，既可以当主食又可以做菜，当地可是把土豆吃出了花。记得有一年在延安，当地人请我吃饭，上了一桌子的菜。据说那是当时延安人过年吃的饭，我记忆最深的是土豆做皮、土豆做馅的饺子，里外都是土豆。除了形状像饺子之外，它和我平时吃过的饺子没有什么关系。

　　《风味人间》拍了"搅团"，这也是一种用土豆做出的食物。不过苜蓿酿洋芋这个菜我还是第一次听到。洋芋常见，苜蓿也常见，苜蓿和洋芋的结合我是第一次见到。

　　最早知道苜蓿是在小学的常识课上。书上说，苜蓿有聚氮的作用，江南一带的农民在收获了最后一茬粮食后，会在田里种上苜蓿作为绿肥。后来当地农民知道了苜蓿不仅是绿肥，嫩尖还可以做菜吃，苜蓿就变身成了秧草、金花菜。秧草煮河豚，秧草烧鲴鱼等都是江南春季佳肴。苜蓿还可以腌成咸菜，一直可以吃到夏秋。

　　江南人喜欢用苜蓿做菜，我见过很多。北方人喜欢吃苜蓿这倒是第一次听说。草原上有苜蓿，不过那是牧草，是供牛羊吃的，其中最有名的是紫花苜蓿。我很好奇苜蓿和洋芋的结合是个什么样子，什么味道。导演告诉我，在和嘉宾沟通时，嘉宾说这是她小时候奶奶做给她吃的，用苜蓿的嫩尖做的。她很喜欢这个吃食，只是已经很久没有吃过了。想起家乡、想到亲人的时候，就会想到这道苜蓿酿洋芋。

　　听着导演的介绍，我努力脑补这道菜的样子和味道，努力半天还是放弃了。没吃过，没见过，又没有具体的配料和做法，实在想象不出它的味道。不过就我的经验判断，我很有可能吃不惯这个东西。如果从美食的角度来评判这个"苜蓿酿洋芋"，我想它只是改变日常口味的季节性食物，嘉宾对它的回忆更多是因为情感因素而不是因为味蕾对美食的向往。

　　旧时，榆林地区生活艰苦，温饱都是问题，哪里还谈得到美食呢？只不过生于斯长于斯，经年累月之后日常的食物已经成为习惯的食物，虽然简单粗陋却是乡情所在。远离家乡在外打拼，想家的时候最具体的记忆大概就是熟悉的食物的味道了。

如果这种食物和家里的亲人还有着勾连，再简单的吃食也变成美食了。

熟悉的味道能给人带来安全感，家里的味道就是温馨和温暖的代名词。简单的食物由于情感的注入变得细腻丰富，这也就是家乡食物的魅力所在吧！

知

味

如果不住在海边湖边，你吃什么虾？

21 日一早，我离开西安去山东滨州，坐了六个小时的高铁，又坐了两个半小时的汽车，才到了位于滨州北海开发区的酒店。这真是天黑着出发，天黑了才到达，两头没见到太阳。今天算是舟车劳顿的一天。

各路人马陆续到了滨州，我们即将开始探访盐田虾之旅。

22 日吃过早饭后，我们一行人去海边看盐田虾。到了龙王庙那里的虾田时，赶上虾农正在整理刚刚捕捞上来的虾。

近前看，阳光下的虾晶莹透亮，还在蹦跳着。抓一只在手，明显感到虾在挣扎。

公司负责人小飞告诉我，这些虾都是在盐田里饲养的，一亩盐田的水面大概能出 50 千克虾。相比于那些亩产能达到好几百斤虾的养殖场，他们的养殖场给虾留下了很大的活动空间，产量虽然不高，但虾的质量却是可以得到保证的。

有日本客人每年都要从这里订购一大批虾仁，看重的就是盐田虾的生长环境和饲养方法。我不明白的是，日本客人要的多是100～120头的虾仁，而中国消费者更喜欢50～60头的，个头要比出口日本的大一倍左右。也许日本人觉得小虾仁更嫩，中国人觉得个头大才气派吧！

虾落到筐里，哗啦啦地响。

我放下虾筐，坐船去捕虾。负责捕虾的都是从微山湖雇来的渔民，他们知道虾的生活习性，知道什么时间在哪里下网，虾就会游到网里。虾田的水面很平静，只插着几根杆示意渔网的所在。

我们一行人撑着小船过去，慢慢拉起网，盐田虾就出水了。渔民说，今天就这一网了，到了月底，虾就捞完了。

离开虾田时，我回望，渔民不见了，那只小船还在水边飘荡着，坚守着……

上午捞虾中午吃，不用刻意烹调，直接煮熟就好。虾肉紧实、鲜甜，弹性十足，吃的时候也不用什么蘸料，虾肉本身具有一点儿咸味，正好可以吃出虾肉的鲜甜。

第二篇 知味

盐田虾营销总监郭先生介绍盐田虾的特色，说到他们采用-42℃急冻的方法，最大程度地保持了虾肉的新鲜紧实。他建议我如果不是在原产地吃活虾，那最好是吃急冻的或是冰鲜的。现代工业科技，已经可以保证虾的新鲜度和安全性，这种急冻的虾仁、生虾在口感和安全性上，都比餐馆的海鲜池里养的那些活虾可靠得多。

　　我问郭先生这是什么道理。郭先生说，要保持虾是活的状态就必须用水养着，但运输时用的水和海鲜池里的水一定是配制的，因为不是自然的海水，所以都要加一些东西才能达到海水的盐度，还要加些其他的东西来保持虾的活跃度，这样才能保证海鲜池里的虾是活的。但是这些添加物对虾的细胞组织是具有破坏性的，对虾的风味也有破坏性。虽然食者看到的还是鲜活的虾，但实际上味道已远不如刚刚打捞上来的鲜虾，也不如经过低温急冻的虾仁或者整虾了。

　　说起对待食材的态度，我算是个科学主义者。我向来相信品牌食用油的健康性、安全性是那些古法榨的油无法比拟的，而经过低温急冻的海鲜，不仅风味不差于那些海鲜池里的活物，而且安全性也要高出许多。如果你生活在食材的原产地，那么鲜活的海鲜当然是首选，但如果你是生活在内陆城市，吃急冻的、冰鲜的海鲜则比吃那些养在海鲜池里的海鲜要靠谱得多。

虽然我们更习惯、更喜欢传统的海鲜池里养殖的海货，但为了健康，还是选择急冻冰鲜的海鲜要好一些。现代科技证明，急冻冰鲜是保持海鲜营养和风味的最佳方式。在低温急冻的条件下，海鲜中的汁液并不会流失，而且低温环境下很多微生物基本上不会繁殖，可以很好地保证食品的安全。这种方法又不需要加防腐剂、添加剂，在最大程度上保留了食物的营养。

和我一起去滨州的胡元骏老师回家后做了一次"实验"，他的记录是这样的：将急冻盐田虾自然解冻，锅内加水烧开，放入盐田虾，灼 1 分 30 秒后捞出。品尝后，觉得急冻盐田虾皮薄如纸，味道、口感与新出水的活虾无二，实在是好虾啊！

你喜欢吃香菜吗？

　　早上我吃了三个茴香馅儿的包子，吃得晚了一些，中午饭就省了。非常时期要勤俭持家。过日子，能省就省一点儿。不吃饭也就可以不吃药，午睡时间还增加了。小时候，每到过年期间，家里都是吃两顿饭，上午大概 10:30 吃，下午在17:00 前后吃。那时候觉得少吃一顿饭，时间大把，可以睡懒觉，还有大把时间疯玩，也没觉得饿。

　　中国人以前就是一天吃两顿饭的。早中晚一日三餐的习惯，大概是从宋朝才开始有的，而在此之前都是一天吃两顿饭。早餐叫饔（yōng），一般是上午十点吃，六个小时后，下午四点吃第二餐，它叫作飧（sūn）。《朱子家训》中有个成语——"饔飧不继"，就是形容生活贫困，吃了上顿没下顿。

　　明清两朝，官员上朝时间是早上六点左右，因为有人的住所离上朝的地方远，为了上朝不迟到，就要提前出发，远一点儿的估计凌晨四点钟就要离开家了。这离"饔"还有段时间，距"飧"又过了十个小时，肚子难免会提意见，就需要垫补点

知味儿
董克平饮馔笔记

儿吃的保持体力，安神定心。这时吃的东西和汉代的"寒具"差不多，就是早晨洗漱之后的小食。到了唐代寒具开始被叫作"点心"，南宋吴曾撰写的《能改斋漫录》中说："世俗例以早晨小食为点心，自唐时已有此语。"

晚上吃饺子，猪肉茴香馅儿的。我在朋友圈里说："我这个人很好打发，吃上猪肉茴香馅儿的饺子就是过年了。"

我最早是喜欢吃猪肉韭菜馅儿的，后来胃不太好了，韭菜吃多了会觉得"烧心"，慢慢地韭菜馅儿的就吃得少了，茴香馅儿的开始吃得多了。韭菜、茴香都属于带异香的蔬菜，都是我喜欢吃的饺子馅的原料。我好像喜欢所有带异香的蔬菜，即使是腥气很重的折耳根，我也是从开始时不喜欢，到慢慢地习惯了那个味道。带异香的香菜、芹菜，我从小就喜欢，长大了依然喜欢。不太理解那些不爱吃香菜的人怎么还组织了一个"反香菜联盟"。不吃就不吃吧，反对香菜干啥呀？你不吃，别人还可以吃嘛！而且，香菜是一种不错的蔬菜，适当吃一些对身体健康是有好处的。

美国有人对此做了一个调查，他们发现不喜欢香菜的人，都有一种特殊的基因，这使得这些人对香菜挥发出的味道非常敏感。我们闻到的是香菜的香味，而他们闻到的则是恶臭味。我之蜜糖，彼之砒霜。

第二篇 知味

《食物语言学》中说，人类对气味有不同的界定方式。任韶堂先生（《食物语言学》作者）说的化学的东西我不懂，但是他说的道理我可以懂一些。这也为上面所说不喜欢香菜（或其他带异香的蔬菜）的原因，做了注脚。

萝卜青菜各有所爱，吃什么是习惯问题，也是基因问题，其实也不用整明白这些，喜欢吃就吃，不喜欢也没人管你。

知味儿

董克平饮馔笔记

青岛美食多多，要一去再去

为期两天的青岛学习考察活动结束了。上午我接受了《半岛都市报》的视频采访。记者问我对青岛美食的印象，我毫不犹豫地夸赞怡情荟和铭家餐饮的出品。以前多次来过青岛，去过一些餐厅，有酒店餐厅、街边排档，还有山上的农家乐。这次去过的几家餐厅，我给的结论是：这几年青岛饮食发展速度快，菜品质量高，其中杰出的代表就是铭家餐饮和怡情荟。去青岛旅游，想吃点儿特色美食，铭家餐饮和怡情荟是一定要去"打卡"的。

中午应铭家刘总之邀，继续在铭家小院吃午饭。刘总谦虚地说，吃点儿青岛家常菜。什么样的家常菜呢？后文再说。饭后和我一起去青岛的杨秀龙先生打包了烧饼和甜晒鳗鱼带回北京，为的是让青岛籍的太太吃上家乡美味。杨秀龙先生说，作为一个把青春年华奉献给青岛的山东人，没想到却是跟着董克平在青岛吃美了，而且这次吃饭的地方都是他以前在青岛没去过的、不知道的，这让他这个老青岛颇感惭愧。

1. 拌肚丝

2. 金钩拌芹菜

哈哈，没必要惭愧。我也是在青岛朋友的带领下，才找到、吃到这些美味的。因此，要感谢郭科、刘总、李总、王良等朋友的热情款待，正是这些朋友的仔细筹划、精心安排，他们自己的餐厅精心制作，才有了这次圆满的青岛学习考察活动。

吃了不少菜，土豆炖鲍鱼中的土豆尤其好吃，汤汁让我尝到了小时候姥姥熬菜的味道。那种熟悉亲切的味道让我一时恍惚，仿佛看到姥姥挪着小脚在厨房忙碌的影子，一时泪眼朦胧。海蜇里子白菜干煲出的汤水格外清润，鲜得舒适顺畅；甜晒鳗鱼配着青岛杠杠头火烧，让人吃得香香美美，算是做了一回青岛人；喝了一碗大虾粥——带大虾的且熬出了米油的小米粥之后，大虾拉瓜馅儿的大包子我只吃了两口，尝尝鲜味就彻底吃不动了。

昨晚、今天中午两餐在铭家吃的，菜式不同，美味相承，一不留神就吃多了。照相时看到突出的肚子，感觉前段时间好不容易才消失的那几斤肥肉又回来了。只是美味当前，不吃岂不是太对不起自己、对不起朋友、对不起眼前的美味了呢？

第二篇 知味

鸢尾宫的午餐

下午一点钟的时候，我们一家人在华尔道夫酒店鸢尾宫西餐厅坐下，和厨师商量了一下，叫了主菜，其余就让厨师安排了，主要是想试试主厨 Addison Liew（艾迪生·刘）推出的新菜。

前菜有秘制腌番茄佐阿拉斯加蟹肉、腌蛋黄、海胆、橄榄油、春葱油，巴利克三文鱼佐木鱼花冻、土豆泡沫、三文鱼子、樱花虾、樱桃萝卜等。

北京的西餐厅很多，但是好的西餐厅屈指可数，这一点与上海相比，有很大的差距。而北京有限的好的西餐厅里，法餐厅更是少得可怜。北京香格里拉大酒店的 Azur（蓝色）聚餐厅和华尔道夫酒店的鸢尾宫餐厅，算是北京当地法餐厅中的佼佼者。

香煎和牛肋排

1. 鹅肝
2. 三文鱼

1. 三文鱼

2. 甜品

鸢尾宫的主厨 Addison Liew 曾在多家米其林餐厅工作过，经验丰富，视野开阔。第一次吃他的菜，我并不太喜欢。他用一块五成熟的猪肉做主菜，对于只习惯吃全熟猪肉，仅可以接受牛肉、羊肉五成熟的我来讲，这实在有点接受不了。今年（2018 年）以来的几次品尝，让我感觉到 Addison Liew 的风格有了很大变化——选材上注重时鲜，菜式创新迭代加速，更加关注具有地域特色的食材和口味。菜品清新典雅，口味新奇却又在常理之中。总之，让人感觉初尝滋味妙，细品"道理"多。一道"香煎日本赤鲑鱼配比利时啤酒烩法国蓝口贝咖喱香槟汁"一上桌，我就能感觉到厨师对东西方食材的理解程度之深以及食材搭配的构思之巧妙。大概也只有东方人才能这样自如、和谐地把东西方的食材搭配在一起。在调味上又将香槟和咖喱结合出新的天地。这是眼界、经验、技法几方面结合融汇的经典表现。食客味蕾获得的惊喜也得益于 Addison Liew 的创新意识。

今天 Addison Liew 有拍摄任务，没在酒店，菜品都是他的团队完成的，但依然很出色。这也是我赞赏 Addison Liew 的一个原因。Addison Liew 的副手任旭雨先生和我讲，他从 Addison Liew 那里学到了很多东西——不仅是一些烹饪技法，更多的是菜品设计理念和米其林餐厅菜品呈现的方式。其他厨师们愿意学，Addison Liew 也愿意把自己的经验和大家分享。即使他有时候不在酒店，餐厅的出品也能保持很高的水准。高水平的主厨是常驻还是做客，对餐厅的影响大不一样。做客，蜻蜓点水。常驻，扎扎实实，言传身教。哪一家餐厅有更好的菜品就不用说了。

北京的西餐厅很多，北京好的西餐厅不多，鸢尾宫就是一家好的西餐厅。

第二篇 知味

腌笃鲜是春天的菜

　　天气逐渐暖和起来，北京当下的气温已有 24℃。每年的这个时候，我基本都是在江南一带游逛。唐诗里说"烟花三月下扬州"，这个时候的长江下游两岸，已经是春花烂漫姹紫嫣红了。美景之外，自然还有美食。对于四季，我的理解是江南地区比较明显，每个季节都有特色鲜明的物产。加上江南人讲究饮食，因此江南在我这里就是中国好吃的东西最多的地方。每年无论如何都要走上几趟的，尤其是春天。

　　说到春天，腌笃鲜——鲜肉咸肉炖春笋就是江浙一带春季的应时菜品。腌是咸的意思，鲜就是鲜肉和鲜春笋。笃是吴语中的象声词，就是汤水微微开，鼓起小泡那种"笃笃"的声音。新鲜春笋与鲜肉一起用中火炖至酥烂。油脂和汤水混合成浓浓的白色汤汁，汤汁浓白醇厚。鲜肉酥肥嫩化，春笋清香脆嫩。成品口味咸鲜，鲜味浓厚。

　　春季到江南，腌笃鲜是我吃得最多的一道汤菜了。长江沿线走过去，南京有，扬州有，苏州有，上海有，杭州有——几乎江南的每个地方都有。吃过杭州君悦酒店程郁师傅做的腌笃鲜之后,我是这样记录的:古菜南宋傍林鲜。古人称竹笋为"傍林鲜",最鲜的吃法是在竹林中剥掉笋衣烤熟了吃。这在现代餐厅里做不到。不过用新鲜竹笋和咸肉、鲜肉,再加点儿火腿一起炖,"笃透""笃熟"的一钵汤也是非常鲜美的。

这和上海的腌笃鲜差不多,湖滨 28 餐厅的汤还加了一点儿海鲜在里面,肉香肉鲜中又多了一点儿海鲜的甜。

春笋上市的时候,江南人家的主妇常会做腌笃鲜。鲜肉、咸肉、春笋、百叶结在汤水里慢慢煲炖着。一个个气泡顶上来,一个个破裂了,"笃"声细微连绵不断——保温的砂煲上桌时,"笃"声还可听见。把咸鲜有味汤水奶白肉香笋脆的腌笃鲜吃下去,春天也就留在味蕾记忆中了。

在苏州,吃了鞭笋炖咸肉。徽州之行,多次吃过这道菜,大家公认仁里古镇的最好吃。一是炖煮的火候足,二是鞭笋是早上刚刚从竹林里挖回来的。北京人吃笋,总是要用水焯一下,去掉笋的涩味。徽州人不这样做,直接用咸肉炖,笋不仅没有涩味,而且极其鲜美。

这两天翻看华永根先生的《苏州吃》,对腌笃鲜有了新的认识。按照华永根先生的说法,腌笃鲜这道菜虽然家常普通,但是要做好也是很有讲究的。这道菜带着冬天的余韵和春天的时鲜，应该只在春天吃，冬天是做不出好吃的腌笃鲜的。

华永根先生说，冬天不能吃腌笃鲜，因为冬时腌肉还未腌入味，鲜肉含水量大，冬笋虽脆嫩，但不易入味。真正的腌笃鲜必定要在春时吃才"合拍"，经过一个冬天的腌制，腌肉紧实，咸味到家。春时鲜肉肥壮，春笋鲜嫩又带着山林的气息，这几样食材用砂锅同烧，原汁原味，意达于口，做出的腌笃鲜才称得上是美馔。苏州人的讲究由此可见一斑。

腌笃鲜制作上也有讲究。腌肉要去掉黄色的和坏掉的部分，鲜肉要刮清污油，用开水焯一下，去掉血污。一次性加足清水，用大火烧开后捞去杂质，加入葱、姜、料酒，烧 15 分钟。加入笋块，烧开后调到小火慢慢煨炖到透。特别讲究的饕客对材料也有要求。华永根先生的书中说，真正讲究的人不会加百叶结。砂锅中只有咸肉、鲜肉和春笋，而且最好是用咸蹄髈和鲜蹄髈，煨炖出骨头的味道，汤味才更加隽永。

这样做的腌笃鲜我好像吃过，只是记不得在哪里吃的了。前两天家里也做了一次，用的就是咸排骨，回想起来，依稀记得有几分猪骨的香味。

西湖醋鱼好吃吗？

　　我第一次吃西湖醋鱼是在 1986 年的夏天，那是我结束实习从温州回北京的路上。记得我是坐了一夜大巴到了杭州，摸索着找到杭州的朋友，算是有了住处。放下行李，我就去了西湖。说来，年轻真好，那时坐了一夜车，又走了半个西湖，直到下午一点钟才觉得饿。这时正好走到平湖秋月景点，正巧看见了楼外楼，犹豫了一会儿，咬牙走了进去。那天花了多少钱我记不清了，但本来打算坐卧铺回北京的我，吃完那顿饭就只剩下买硬座的钱了，生生地坐了二十九个小时才回到北京。那时候真是年轻，虽然觉得累，但是很快就恢复了。现在坐几个小时的飞机都会感到疲乏，恢复起来需要的时间更是长了许多。

　　在杭州的那次短暂停留，是我人生第一次到杭州，也是我第一次吃西湖醋鱼。后来去过杭州很多次，前几次还试着点这道菜，直到 2003 年在汪庄吃了一次用鳜鱼代替草鱼做的西湖醋鱼后，到现在已经有十多年不再吃了。原因无他，不好吃而已。1986 年那次是因为不习惯酸甜带出的清鲜。对于一个北方人来说，这个味道几近于腥味。后来我逐渐学习了一些味道原理，就不再以自己的口味习惯去评判一道菜的好坏了，但是，我还是无法喜欢上西湖醋鱼的味道，这其中也有西湖醋鱼越做越差、草鱼的价值较低的因素。

很多杭州当地朋友都说他们现在已经不再吃西湖醋鱼了。虽然这是一道传统名菜，和杭州、西湖有着密切的联系，但它实在是不好吃，以致连杭州当地人都很少吃了。以前是没得吃，任何动物脂肪都觉得是美味。现在可吃的东西太多了，淡水鱼中我对江鱼的喜爱远远超过了湖鱼。再加上前些年重口味菜肴流行，西湖醋鱼这种清淡的菜式，很容易就被人们忽视了，到杭州吃西湖醋鱼甚至会被杭州人耻笑。传统名菜流落到如此地步，怎么说都是一件令人痛心的事情。

8日一早，离开阴雨连连的南京去杭州，下了火车我们一行人就去了西湖国宾馆紫薇厅吃饭。如此行色匆匆，为的就是吃一条西湖醋鱼。

主厨董晔辉师傅告诉我，他对传统的西湖醋鱼做了一些改良，赋予了这道菜新的生命。来到紫薇厅吃饭的客人，几乎都要点这道菜，吃完都是连声称赞。我问董晔辉师傅做过哪些改变，董师傅说，很简单，就是换了鱼。以前都是用西湖里的草鱼，这种鱼总是有一股土腥味儿，传统酸甜口的味汁，很难遮掩住这股土腥味儿。紫薇厅出品的西湖醋鱼,用的是开化钱江源头那里的清水草鱼。那里的草鱼是清水活养的,这样的草鱼肉质嫩、没有塘鱼的泥土味,做出来自然就好吃了。尝了一下,这样做出来的西湖醋鱼果然是没有腥味的,肉质也滑嫩鲜美,糖醋汁和姜末把鱼肉的香美催生出来了并将味道升华,这让我第一次觉得西湖醋鱼是真的好吃,好吃到把一条西湖醋鱼吃得干干净净。

一同吃饭的杭州美女神婆爱吃这样写道:"杭州的传统做法是喜欢用草鱼做西湖醋鱼的,从古至今都是展现了一种'距离美'——无论是烹调者还是品尝者,都喜欢用糖醋遮盖草鱼的土腥,这是心照不宣的美事。深究起来,西湖醋鱼的选料已经成为各个杭帮名馆子的'要害',清代文人所言'味酸最爱银刀鲙(脍),河鲤河鲂总不如'听起来是很有见地,但那是因为他们没吃过西湖国宾馆董师傅用开化清水鱼做的西湖醋鱼。"

北京去的美女包着则是记录了董师傅的制作过程:"这道菜的呈现颠覆了我对西湖醋鱼的固化印象。董师傅对食材进行了改良,选用开化的清水鱼,这种梯田活水养的鱼没有泥腥味儿。烹饪技法上沿用了传统的制作方法,用八九十度的水'漾'(指一种制作手法)以避免鱼皮破裂,还要用杭州当地的米醋和湖羊酱油烧汁,撒上姜末。这道鱼再配合蒜瓣儿肉的口感,就像是在吃螃蟹。"

我在微博上说，来杭州就是为了品尝董晔辉师傅的这道西湖醋鱼，有些杭州的网友留言说这道菜不好吃，杭州人已经不吃了。我以前也是这样认为的，吃了董晔辉师傅做的西湖醋鱼，我改变了以前的看法。

大厨在食材的选择上做出了改变，可以说是与时俱进了，作为消费者的我们，是不是也应该与时俱进地改变一下以往的印象了？

知味儿
董克平饮馔笔记

在上海最高的餐厅吃饭

人生不过三碗面

在上海待（吃）了三天。第一餐是和小帅一起去虞面斋吃的。按照小帅的介绍得知，虞面斋的老板之一李敏，在上海有几家餐厅，生意还不错。因为喜欢吃面，李敏联合了几个朋友开了一家面馆。据说李敏年轻时游历过三十多个国家，对"江湖"多少会有一些自己的感悟。虞面斋的主打面便借了早年的一段话："主打场面、情面、人面三种面。"当然还有江浙一带和上海地区流行的其他浇头。

虞山是常熟的名胜，虞面斋也就含有"常熟面馆"的意思。常熟的葱油面也是面馆的主打产品之一，不过我们没有吃葱油面，要了场面、情面、人面这三种。

人面，也就是光面，没有浇头。汤底是猪骨和鳝鱼骨熬制的。

情面，以蟹粉虾仁和熘腰花为浇头，配一碟小菜和一碗虞山白茶。

场面，是由蟹粉海胆虾仁、生煎猪排、青菜、松茸汤、咸菜、水果、白茶组合的一套吃食。先吃了海胆，再拌匀浇头，就着猪排吃面、喝汤。我没吃完这一碗面，因为配料太足了。

离开虞面斋去酒店休息，路上我在琢磨虞面斋的面条。觉得要想做出好东西，还真是要有些积累的，要吃过见过才行。那些有了积累、吃过见过的厨师，才有可能做出不错的吃食来。不着急、有秩序地发展，以食物为本立足的餐厅，倒是可以长久发展，挣到钱的。

有些饮食上的创业项目，出来就是一副恶狠狠地冲着资本来的面目。创业人往往是全力追求规模、追求扩张速度，他们的目的根本不在食物本身，而只是想通过食物快速地发财致富。因为他们缺少饮食文化的底蕴，缺乏对食物的尊重，食客就不可能在他们的店里吃到好东西。对食物的轻视的态度以及底蕴的缺乏，使得他们根本做不出好吃的东西来。

1. "情面"
2. "场面"

1. 蟹柳芦竹笋拌面
2. 蟹粉虾仁面

"塘月·宋荷"晚宴

晚上在荷风细雨世纪大道店参加"塘月·宋荷"品鉴晚宴。何雨晴把荷花主题的画展与夏荷主题的晚宴巧妙地结合在一起，在饮食与文化的结合上做了一次有益的尝试。

王勇师傅参与了菜单的设计。

今天的晚宴菜式清雅，而且多与夏荷有关。味道咸甜舒朗，口感脆糯间杂。席间还有昆曲表演，有了琵琶助兴，轻尝浅酌，意蕴绵绵。

体验上海"最高"料理

在上海的朋友，对于位于上海中心大厦 68 层的"上海海拔最高的餐厅"——云上钱屋应该都不陌生。

上海中心大厦 68 层被周家豪先生做了几家餐厅：一家法餐厅，一家日餐厅，日餐又分别设有怀石、寿司、铁板烧等类别，还有一家茶馆和中餐馆。云上钱屋是日餐厅，我们今晚体验这里的怀石料理。

这里的观光电梯说是高 314 米，如此直入天空的高度，还真是第一次遇到。当然，在这里做餐饮，就要有超级严格的防火措施——餐厅里没有一点儿木制品，没有一点儿易燃性材料。云上钱屋用的都是金属或是其他防火板材。到这里吃饭也不能抽烟，这里的烟感器是十分敏锐的，感觉到了烟雾至少会有三吨水浇下来。

我不大懂日餐，只是觉得这餐饭挺好吃：鲍鱼做得很出色，又嫩又香；肉眼和牛肉的处理也很和我的口味，黑喉鱼的质感很赞，整餐的搭配和量的配比也比较合适，吃到刚刚好的程度。因为开业不久，厨房团队还需要一个适应、磨合的过程，有些菜品还有提升的空间，餐厅也意识到了这个问题，表示会做出相应的调整，这让我们有理由期待一个更好的云上钱屋。

柒厢食事

中午在李敏的柒厢食事吃饭。烧江鳗给我的印象很深刻，江鳗烧得透、成型美、味道香，最后的那碗黄鱼饭也很美味。

东方司宴

这次上海行的最后一顿饭选在外滩英迪格酒店三楼的东方司宴。坐下和老板赖荣辉聊天，发现我们有很多共同的朋友。赖总在利苑工作过很多年，当年厨房里的兄弟现在散落在四方，成了一方"诸侯"，如今都是各大餐厅里大佬级的人物了。他在屈浩烹饪学校讲过几次课，和屈浩老师、杨春晖都是很好的朋友。2018 年世烹联举办的青年厨师排位赛中夺得第一名的曾少发更是他的好兄弟，而这几个人和我都是好朋友。借着这层关系，我和赖总迅速地熟悉起来，敞开心扉做了实实在在的交流与碰撞。

对于中餐走出国门、迈向世界的话题，赖荣辉认为，现在去国外做中餐厅一定要做"高精尖""高大上"的餐厅，一定要具备 Fine Dining（雅宴）的气质，应该对标那些米其林三星餐厅，并以国外的精英人士为主要客户群。这一点我是十分赞同的。经过四十年的发展，中餐走出去已经不是当年华人在国外为了安身立命而开家餐馆的情况了。如今在经济实力的支持下，我们已经有能力把最好的中国菜做出来，让外国人品尝到最好的中国味道，欣赏到最时尚的当代中国菜。用这样的方式弘扬中国味道，应该是这一代餐饮人的责任，也是中国餐饮人的情怀所在。

赖荣辉对中餐走向世界有着充足的信心，在表达方式上有着自己的思考。他提出要打破菜系的界限，打破中西餐的藩篱，吸收先进理念，融合美味元素，做出美味、美观、时尚、创新的中国菜。此外，针对中餐里甜品表现较弱的现实，赖荣辉表示要在甜品上花大气力，研发出既有中国特色又能让西方人愿意接受的甜品来。这些想法在这次的午餐中得到了初步的展现。

我这一餐还吃到了今年的第一口黄油蟹。只是现在还不到吃黄油蟹的季节，蟹不够饱满，油脂也不够丰富。不过，还是要感谢赖荣辉花费心思，特意为我准备的这一口鲜儿。

1. 黄油蟹
2. 布朗尼

1. 枫栗
2. 红洋

东莞，食物之外你不知道的

受《中国国家地理》的邀请，和"风物之旅"团队去了东莞。

可园

第一站先到了可园。这是广东四大名园之一，其余的还有佛山市区的梁园、顺德的清晖园、番禺的余荫山房。这几个园林我都去过，虽说是广东四大名园，但是与江南园林相比，还是有很大差距的。广东是近代以来才发展起来的，园林建设自然无法与文化底蕴深厚、经济文化高度发达的江南地区相比了。

20 世纪 90 年代初期，我在广州工作过一段时间。那个时候，我就来过可园，算起来已经是二十多年前的事情了。那时可园是东莞唯一的旅游景点。今天再来，好像不认识了，进园转了一圈，才找到二十多年前的影子。可园还是老样子，周边的环境却发生了天翻地覆的变化。现在的东莞是个现代都市了，映衬得可园愈发古意浓郁了。

可园的主人是从武官起家的，曾官至江西按察使，署理江西布政使。清朝按察使是正三品，主管刑名；布政使是从二品，权力仅次于巡抚。可园主人的官职着实不低。这么大的官只修了一个三亩多的园子，看来任上没有捞太多的钱。扬州何园的主人只是署理江汉关道，才是个正四品的官员，离任后在扬州修了何园，其规模要比可园大上许多。据说修何园的费用相当于当时江苏省一年的财政收入。这钱花得多，园子规模自然也就会大许多了。

香蕉！香蕉！

"风物之旅"的第二天，我们一早就来到麻涌的香蕉交易市场参观。东莞种植香蕉据说是从明代开始的，麻涌这个地方最盛时有三千多亩香蕉田。香蕉销售到全国各地，以前还出口到苏联、德国和日本，现在老蕉农还把好的香蕉叫作"苏联蕉"。

目前麻涌这里的香蕉有二十八个品种，有香蕉也有芭蕉。这座交易市场里摆满了各种香蕉，还有蕉农用车、船不断地运来香蕉。

市场里一把香蕉好重，至少有三十斤。看了香蕉，自然也要体验一把采摘香蕉的乐趣。随后，我们下午去了香蕉文化园。香蕉树枝干很软，用刀砍几下就可以采摘到香蕉了。收了香蕉，香蕉树就没用了，所以可以直接砍树来收香蕉。

龙舟表演

正值东莞的"龙舟季"，吃完午饭我们赶去赛龙舟的现场。江边搭起一个大棚子，有头有脸的人在棚子里看龙舟表演。虽然有棚子，但还是热死了。待了半个小时，我就有点儿中暑的感觉。发觉自己越来越受不了湿热的天气了，真不知以前广州人是怎么过来的。

老街众相

第三天早饭过后，一行人来到老街溜达。骑楼下卖竹编制品的小店引起了大家的兴趣。夏天日晒，一直想买个大一点儿的帽子来遮阳。看到竹编的斗笠我立刻动心了，拿起来看了半天，最后因为不好佩戴而放弃了。

邀上美女蘑菇张一起拍了张照片留念，算是对斗笠念念不忘的补偿。

我拿的带喜字的竹筐是东莞人结婚时装礼品用的。大家对这家店铺的竹制品都很有兴趣，索性每人拿了一样拍照留念。他们说，因为我拿了些喜筐，所以这个画面可以命名为"聘

第二篇 知味

闺女"。

老街的众生相给我的印象是非常深刻的。摄影团队的照片，记录了那些过往的种种。

舞麒麟

此行的最后一天，我们吃完早饭就去了樟木头的刘村看舞麒麟。最早知道樟木头是因为那里有个收容站，在深圳还要边防证的年月，很多人都是被送到樟木头等待遣送，不知道现在还是不是这样了。

麒麟头

舞麒麟和舞狮差不多。佛山一带舞狮比较流行，刘村这里则喜欢舞麒麟。两者的招数套路都差不多，只是狮头和麒麟头各有不同。麒麟头的制作也是国家级非物质文化遗产。做一个麒麟头需要半个月的时间。

看了表演，我和"开水族馆的生物男"交流了一下看法，我们都觉得舞狮要更好看一点儿。昨天下午他们看了舞狮，印象更是深刻。我是在广东多个地方看过舞狮的，和"开水哥"的看法是一样的。

东莞好荔枝

这次东莞之行最后一项活动是摘荔枝。银屏山有很多荔枝树，只是今年是荔枝的小年，产量还不到去年的十分之一。东莞宣传部的朋友说，去年来银屏山，满山荔枝树上都是红彤彤的荔枝果实，今年一眼望去，满目翠绿，不仔细找，都看不到红色的荔枝。去年是五元一斤卖不出去，今年是五十元一斤买不到。大小年产量如此悬殊，真是出乎意料。

在主人的精心安排下，我们还是摘到了荔枝。"树熟儿"的鲜果就是好吃，甜得沁人心脾。生鲜食品，在地的优势是无法比拟的。

五天的活动结束了，东莞的朋友问我对东莞的印象。我说，不是吃过的那些食物，不是看过的那些风景，给我留下最深刻印象的是东莞人脸上洋溢着的自信与乐观。香蕉交易市场里蕉农的大气，老街屋檐下老人的闲适，餐厅酒楼里客人的喧哗，祠堂祖屋前舞狮的豪迈——这些都是今天东莞人精神气质的反映，敬业富足，安居和谐。

白天鹅早茶，"江"的午餐，"跃"的晚餐

很早就认识黄景辉师傅了。最近一次见面是我们合作举办了一场晚宴，辉师傅为主办方将八大菜系各做了一道菜。那天我是主讲人，吃着那些菜，心里在想，这得是多么牛的一位厨师啊，才能在这么短的时间内把八大菜系的菜做得如此像模像样！后来又在多个场合见过辉师傅，也去过他的江山酒楼吃饭，直到那天，才有幸来到已经荣获米其林二星的"江——由辉师傅主理"餐厅。叹服！感谢辉师傅。

广州改革开放以来"最著名"的总是在楼下的美食摄影师何文安老师说："托董老师的福，终于又在辉哥带领下的米其林二星'江'温故而知新了！"

辉哥亲自卤制的卤鹅咸香够味，玻璃乳鸽皮脆酥香，堂焯象拔蚌鲜甜爽口，椰青汤自然红玫瑰鱼又滑又嫩，盐焗奄仔蟹真系让人停唔到口（真是让人停不下口）！

1. 鱼子酱卤水鹅肝
2. 金不换叶子

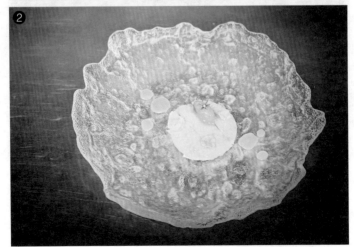

每道菜都是黄景辉师傅精心设计、倾心制作的，可谓是道道精，赢得大家的一致赞叹。赞，因为精彩；叹，则是因为望尘莫及。蟹肉冬瓜盅的甘润香甜、象拔蚌的脆爽、玫瑰鱼的细嫩、奄仔蟹的鲜香、金不换叶子的出乎意料等等，都令人难忘、向往。

晚餐去了被"撩拨"了很久的跃·YUE餐厅。YUE，既是粤，也是跃，还是悦！用跳跃的思维、当代的手法演绎全新的粤菜，给食客带来愉悦的就餐体验，这就是彪哥和他的朋友们把餐厅叫作"跃·YUE"的理由。

这晚尝到了一群年轻人大胆的创造和富有情怀的演绎。有猜谜般的豁然开朗，也有品味后的感官愉悦。虽然有些菜式有待商榷，但是我支持并喜欢他们的工作方式和创作理念。正如闫涛老师所说："破，并非一味地否定和反叛，而是在充分理解之后进行价值重组；立，则是原有价值的延伸和再发展。所以说，不破不立，其实是致敬和传承。"

第二篇 知味

1. 低温慢煮的牛小排

2. 跃·YUE 餐厅的海参

东京伊万里烧肉

要去机场的时候，同行的一位朋友发现护照找不到了，只好目送我们过安检、登机，自己回去找护照。这次日本之行是他发起的，结果我们走了，他留在上海找护照。

在东京落地时下起了雨，天气有点凉。我跟着依然去取行李。雨中的街道看着很有味道，就随手拍了一张照片。

看到许多小店的东西还不错，可因为到了晚饭时间，只好先按捺住逛街的想法，坐车去银座那里。去年来日本，徐先生请我去了他的伊万里烧肉店，吃了很好吃的牛肉。这次来东京，帅大厨念念不忘的就是伊万里烧肉。

伊万里是个地名，位于日本九州北部，那里有很多不错的瓷器厂和个人作坊。伊万里烧肉店用了许多伊万里本土的元素。牛肉以伊万里产的和牛为主。餐具也都是伊万里当地的一个窑口烧制的，看上去温润精美，用起来可心适手，惹人喜欢。

边吃边听徐先生介绍伊万里和牛烧肉。这家店是徐先生自己的店。烧肉是日本传统的美食，如何在保持传统精神的基础上融入现代元素，丰富日本烧肉的表达形式？徐先生的办法就是烧肉也要融合现代元素，把烧肉做出"Fashion（时尚）范儿"来。于是，在伊万里和牛烧肉我们可以看到在菜品调味上对中餐的借鉴，在呈现形式上的法餐的影子及在食材搭配上的多样化等。徐先生说，在东京这个现代化时尚之都，一定要有符合这个城市气质的呈现方式。尊重传统是必要的，融合改变也是必须要做的。虽然在开始时，日本厨师对徐先生的做法想不通，行动上不自觉地有些抵触，但是按照徐先生的想法做出的菜品味道更好，让固执的日本厨师认同了这些改变。每天的好生意和网络上的好评就是对这些改变的认可。

在我看来，融合与借鉴是菜品创新的不二法则。烹饪的进步就是不同地区、不同风味之间，相互学习、借鉴、融合的结果。这一点在食物发展的历史上有着明显的轨迹和例证。大董如是，新荣记如是，伊万里和牛烧肉也如是。

牛肉刺身

1. 薄切牛舌和厚切牛舌
2. 烤制中的牛舌

伊万里烤肉店把牛肉做出了时尚范

在东京吃了一顿川菜

台风刮了一夜，到早晨总算是停了。吃早餐时，阳光灿烂，万里无云。如果不是地上还有水迹，几乎就要忘了昨夜的狂风暴雨了。

饭后，我在酒店的花园里溜达了一圈，凑凑步数。感冒还没有熬过去，几天来全靠药顶着，倒也没有影响白天的活动。只是变得有点儿嗜睡，每天早上都不想起床，懒懒地拖到九点，不得不起来时才会磨蹭着去吃早餐。最近几日，每天都是吃饭逛街睡觉的节奏，倒有了几分休假的感觉。

酒店里的花园也是个公园，道路起伏曲折，其中还有些古迹。工作人员还做了些流水瀑布的景观。慢慢走过，很是喜欢。

中午徐先生约我去他开在银座的一家川菜馆——百菜百味。餐厅开在三楼，必须乘电梯才能到。电梯很小，五六个人就挤满了，但是并不妨碍餐厅的上座率。我们到的时候还有几张空桌，走的时候餐厅就满座了，门口还有十几个人在等位。

虽然来的大多是吃定食的写字楼里的上班族，一份工作餐花费是900～1080日元，换算成人民币是六七十元（按当时汇率换算），但是每天中午有2.5次的翻台率，这个成绩也是不错了。

徐先生为我们点了几个菜，都是他那里点单率比较高的。前菜比较清爽，皮蛋里加了山药和牛油果，吃起来口感很丰富，味道也挺好。

这家店的口水鸡辣得比较温和，回口香气足。减辣大概是为适应市场的需求吧！都知道日本人的性格比较"轴"（固执），喜欢坚持自己认定的事情。日本人没有那么能吃辣，如果一下子就把他们辣怕了，这道菜估计就成了菜单上的摆设了。大麻大辣的估计他们适应不了，温柔一些，回味时如果辣带着香气弥漫开，也许他们就能接受了。

中国菜到海外，势必要做一些改变。因为你不仅是做给来这里的中国人吃的，还要适合生活在这里的大部分当地人的口味。根据当地人的口味习惯和国民性格做出相应的变化，这是中国菜国际化、在海外落地生根的必要过程。坚持民族风味特点是要有市场支撑、得到市场认可的。这毕竟是生意，是生意就要生存，就要赚钱。情怀也需要资本的支持，否则就"死"在怀中了。这样的变化也是符合食物传播的规律的。食物在传播过程中一定会有变化的，在一个地方落地就会融入当地的一

知味儿
董克平饮馔笔记

些内容，继续传播，继续变化，也许最后的成品已经与原始的模样千差万别了。就像大家都知道番茄酱是西方的产物，可是要知道，它的原始模板可能是中国人做的鱼露。从鱼露到番茄酱，这中间发生了太多太多的改变。

百菜百味的热菜，以炸货居多，香脆咸鲜，很符合上班族对口味、口感的需求。帅大厨说，日本的脆炸粉很好用，用它炸出的食物味道香、口感好。食材裹好脆炸粉，控制好油温和时间，做出的成品就不会差，也适合标准化操作。炸好的鸡块或虾仁，只需要进行简单调味、烹汁，就是一盘不错的中华四川料理了。

这里的水煮鱼用的是鳕鱼。在日本，做菜用海鱼比较多，但是水煮鱼还是用淡水鱼做出的成品口感更好一些。海鱼的肉质太紧实了，很难做出水煮鱼那种嫩滑的口感。

看到麻婆豆腐时，多日不吃米饭的我忍不住要了一碗米饭，和着麻婆豆腐吃了——过瘾！有油有肉，麻辣适度，鲜香嫩滑，实在是米饭的绝配。

中国人在日本做川菜，生生地把麻婆豆腐做成了日本的国民菜，小学生的定食都会出现麻婆豆腐。不过日本人喜欢的麻婆豆腐和我们在四川吃到的已经不一样了，麻辣的程度减了不少，油也没有那么多。不过，今天在百菜百味吃到的这道麻婆豆腐，和在国内吃的近似，味道很是接近。

我在东京吃了一顿川菜，琢磨琢磨，其中不乏中餐国际化发展的道理。行走在路上，只要留心，总能学到东西的。

塞哥维亚四代传承的美味——烤乳猪

完成了在马德里的拍摄，剩下的七天就是自由活动的时间了。和妻子商量了一下，就买了去塞哥维亚的火车票。

家里有一本林达先生写的《西班牙旅行笔记》，书中第二篇文章介绍了塞哥维亚的风景和历史。不大的古城里有上千年的石板路、古罗马时期的输水槽、巍峨恢宏的大教堂、富丽堂皇的阿拉伯宫殿等，它们都让人神往。这些正是我们的兴趣所在，索性拿来当作我们行走塞哥维亚的指南。早些年去欧洲国家，对都市的繁华兴趣大一些。这些年国内的繁华程度已经是世界一流的水准，不输于国外的城市。我们旅行的兴趣也就转移到远离都市的古镇、古城了。那里保留着传统的质朴生活，让人可以放慢脚步，细细地体会、欣赏。

西班牙的高铁虽然没有我们中国的快，但中转地塞维利亚离马德里实在太近了，半个小时后我们就下了高铁，坐上了去塞哥维亚的巴士。当你可以完整地看到古罗马输水槽时，塞哥维亚就到了。

到酒店放下行李，慢慢在城里闲逛。塞哥维亚古城依山而建，建筑风格多样。完整保留了古罗马建筑风格的输水槽、电影《白雪公主》中城堡的原型建筑、阿拉伯风格的宫殿、用五百年时间建成的哥特式大教堂……这些丰富多彩的建筑，正是古城历史丰富性的佐证。在古城里漫步，可以看到不同风格——摩尔人风格、阿拉伯风格、基督教风格以及犹太教风格的交融。它们共存于塞哥维亚古城，并保存完好，使之成为西方城市的典范，并入选联合国教科文组织文化遗产名录。

西班牙美食多多，在塞哥维亚最有名的就是烤乳猪了。据说，这里是西班牙烤乳猪的发源地，古城里有许多家传承了上百年的烤乳猪餐厅。决定去西班牙的那天，曾经多次到西班牙学习烹饪的西餐厨师刘鑫就建议我去塞哥维亚的Duque（杜克）餐厅，试试这家的烤乳猪。

这是一家传承了四代人、有一百多年历史的餐厅，招牌菜就是烤乳猪。稳妥起见，委托名厨罗德里格斯为我订了位置。因为根本看不懂菜单，所以直接就要了烤乳猪套餐。一道道吃下来，真是好吃！老板玛丽莎还送来她家里做的"芭爱雅"（一种西班牙美食，用菜拌米饭制成）让我们尝鲜。当烤好的乳猪端上来时，玛丽莎拿来一个盘子，让我用盘子切割乳猪，以此证明她家的乳猪烤得酥脆，不用刀就能切割开。果然如此，拿着盘子向下稍稍用力，猪皮就咔咔地裂开了，香气随之泛出。

玛丽莎接过盘子帮我们分好猪肉后，让我用力把盘子摔到地下——这是吃烤乳猪的一个仪式，象征餐厅的手艺无可挑剔。

中国也有烤乳猪，而且可以说是一道传统名菜。据记载，周朝的时候，烤乳猪被称作"炙豚"。南北朝时期的贾思勰在《齐民要术》中对烤乳猪的描述是这样的："色同琥珀，又类真金。入口则消，状若凌雪，含浆膏润，特异凡常也。"近代以来，这道菜在广东和香港被发扬光大了。广州人结婚、做寿、拜山时，一般要有烤乳猪这道菜。没有这道菜，就不能算是大席面。广州的厨师说，现在广州人做烤乳猪在传统技法的基础上也吸收了西班牙烤乳猪的一些技法。根据《舌尖上的中国》第一季、

烤乳猪

第二篇 知味

第二季总导演陈晓卿先生的考证，中国的乳猪指的是普通的小猪，西班牙的乳猪则真的是还在吃奶的猪。两者的口感、味道还是有些不同的。西班牙做烤乳猪这道菜选用的乳猪，个头要比中国的乳猪小许多，只有五六斤重。这样的乳猪肉质更嫩、更容易入味，因此皮脆、肉嫩便是西班牙烤乳猪最显著的特点。

这一餐的饭出乎意料地好。两人套餐（含一瓶酒和小费）一共花费了 83 欧元，价格还是可以接受的。逛古城，品美味，塞哥维亚烤乳猪真的不能错过。

加拿大西部之行
——艾伯塔令人垂涎的味道

十天的加拿大西部之行，丰富又精彩。十分感谢加拿大旅游局，加拿大艾伯塔省旅游局与不列颠哥伦比亚省旅游局及所有目的地的合作伙伴。感谢蔚总、Maria（玛丽亚）、Jodie（乔迪）！

艾伯塔省旅游局的 Maria 为加拿大旅游局工作二十年了，接待了很多来自中国的客人，在饭食安排上很有经验。落地第一餐 Maria 安排我们去了一家亚洲风味的餐馆——Foreign Concept。

Foreign Concept 被 Maria 翻译成"异国概念"。这是针对加拿大人口味设计的餐厅。餐厅的老板是个中越混血儿。主厨是韩国人，做的是一些亚洲风味的菜式。

餐厅的装饰，充满了中国清朝末年的味道。一看就很"中国"。

第二篇 知味

主厨李京喜是个女生，韩国人，以前做过幼儿园老师，十几年前到了加拿大，现在是这家餐厅的主厨。餐厅这些菜基本是李京喜设计的，加上老板自小熟悉的一些东南亚菜式，让这家餐厅有了很鲜明的亚洲特色。我们要了一些菜，一式两份，让大家尽可能多尝一些。

1. 海鲜墨鱼面

2. 炸鸡

3. 煎焗三文鱼配米线

4. 墨西哥清酱牛肉

青木瓜沙拉吃起来酸酸鲜鲜的，很是开胃。猪肉卷抹上酱加点儿泡菜，用生菜叶卷着吃，是明显的韩国吃法。第一次在国外吃到如此香的猪肉。本以为只是中国人喜欢，服务员说，这道菜是金牌菜，很多客人喜欢，包括本地人。台湾油饭用了三种米，加了香茅草调味，味道挺好的。这里的炸鸡有点儿像菠萝咕咾肉，是酸甜口的。海鲜墨鱼面有虾仁和青口。煎焗三文鱼配米线里的米线是东南亚风格的。墨西哥清酱牛肉也很香嫩。

点的几道菜，吃起来都还不错。吃完饭大家谈论时，欧阳应霁老师说这里做的就是一些很基本的菜式。我觉得这个说法很准确地定义了这家餐馆的出品。老板和主厨都不是专业科班出身，要做一些大菜估计有些难度，因此就做一些平时熟悉的、经常吃的、经常在家里做的菜。味道熟悉，工艺熟悉，因此不太会出错。他们做的还是自己国家和地区本来就有的那些常见菜，在呈现上也下了一番功夫，符合 Bistro（小餐馆）的风格，餐厅的装饰上也往这方面靠。它在卡尔加里算得上是独树一帜，形成了自己的风格，也赢得了客人的喜欢。

这餐饭吃得很舒服，开胃之后，菜式的味道都很熟悉，吃起来没有身在异国他乡的感觉。虽然餐馆的名字叫"异国概念"，但这个"异国"是对传统的加拿大人来说的。我们这些来自亚洲的游客，是可以把 Foreign Concept 看作是家乡风味餐厅的。这也是我们这次"艾伯塔令人垂涎的味道"之行的开始。

第二篇 知味

第二日的晚餐，导游带我们去了河边的一家餐馆。这里的红房子以前是一个警长的家，现在是个餐厅。1906 年的建筑，到今天也有一百多年的历史了。

　　坐下点菜，我要了羊肉。因为有朋友和我说过艾伯塔省的羊肉很好，有机会要尝尝。餐厅将羊肉做了两种火候，一种是全熟的，一种是五分熟的。味道都很不错，全熟的咸了一些，半熟的肉嫩味足，配的意大利土豆丸子也挺好吃。这种吃食我在意大利吃过，当时吃的是加了奶酪的，这次没加奶酪，味道也挺好的。

　　今天的菜品还有蔬菜沙拉、生蚝、野牛塔塔等。有一道汤据说有壮阳、降血糖的功效，还能清除自由基，可惜被一个女生吃了，有点儿怕她吃完后长出胡子来。还有扇贝、姜味红菜头、比目鱼、鳟鱼、野猪肉、鲇鱼。

　　餐厅生意很好，吃到一半时已经有排队等位的了，看来这家餐厅在当地口碑还是不错的。大家吃完后，对餐厅出品的评价也比较一致，而且觉得这是一家不错的餐厅。到这里之前，我对加拿大的食物没有什么太大的期望，这一天吃下来，觉得还是不错的。今天吃的是正正经经的西餐，虽然它们还不能算是 Fine Dining（雅宴），不过我们也没有用 Fine Dining 的仪式感去对待呀。

1. 蔬菜沙拉
2. 牛肉塔塔
3. 扇贝
4. 姜味红菜头

半熟羊肉配意大利土豆丸子

第三天，在班夫小镇赏了一天仙境美景，然后去吃晚餐。餐厅翻译过来叫"三只乌鸦"，在班夫中心。

这家餐厅得过奖。菜是领队点的，我也没记菜名。我吃的是带有东南亚风味的三文鱼。今天我的时差反应有点儿大，几次都要睡着了，胃口差了许多。但它作为班夫在Trip Advisor（猫途鹰）上最受欢迎的餐厅之一，依傍无敌的景色和优秀的出品，是很值得一试的。班夫真是个好地方，雄浑，温柔，层层叠叠的，激动着游人的心。

加拿大西部之行——一口爱上温哥华

5月21日，由埃德蒙顿来到温哥华已是中午了，感觉这里比卡尔加里、埃德蒙顿热闹了许多，气温高了几度，空气也要湿润一些。毕竟是海滨城市，移民多，游客多，街上很是热闹。

还是先讲食物。

午饭是温哥华旅游局安排的，第一餐去了位于加拿大广场里的"炙"日本料理。虽然与日本本土的料理有些不同，但是这是几天来最具亚洲风味的餐食了。也就是因为有这些熟悉的味道，真的是"一口爱上温哥华"了。"炙"日本料理的一餐饮食里没有那么多奶酪，调味品是亚洲风味的，做寿司用的大米也是熟悉的。一碗热汤喝下去，咸咸鲜鲜的；一个寿司吃下去，嘴里有了味道，胃里也充实了许多。

导游说，在这片区域内，有来自二十六个国家的移民和谐相处。温哥华旅游局安排这样一餐，让我们体验到了温哥华的

第二篇 知味

115

多元文化在饮食上的表现。

　　五个寿司很快就吃光了。鸡肉也很好吃，难得的是鸡胸肉处理得很嫩还很有味，里面的芝麻酱的味道一下拉近了我与这里的食物的距离。虽然食物简单，但因为我很熟悉，所以很喜欢。

　　晚饭选在了格兰维尔岛市场里的"食在加拿大"餐厅。这是一家专注于本地和本国食材的餐厅，在大众点评上它被评为本地区餐厅排行的第四名。这里的菜式简单，最能体现当地人的口味特点。

开在市场里的餐厅

1. 太平洋鲑鱼
2. 甜甜圈
3. 鸭肉塔塔

这几天在不同的餐厅吃饭，都听到对"在地食材"的强调，追求在地、当季的食材是目前饮食界的一个潮流、一种趋势，这是对新鲜风味的极致诉求。美丽的风景，舒适的环境，简单的食物，这大概是新兴国家的普遍的特点吧？作为农产品大国的加拿大，自然也有丰富的食材。

第二天八点钟出发去吃早餐。导游 Jack（杰克）说，这家 Chambar（音译为卡姆吧）餐厅在温哥华很有代表性，是游客体会加拿大早餐的"打卡"地。

我要的是红烧排骨套餐。这家餐厅的华夫饼很有名，可是我没吃。他家的青口贝也很有名，可惜早餐没有。我只好吃了

Chambar 餐厅的早餐

有排骨的套餐。按照Jack的说法，加拿大"早餐三兄弟"——肉、面包、鸡蛋，都在我的早餐里了。朋友不想吃肉，要了鸡蛋卷。她说，这是此次旅行中吃到的最好吃的鸡蛋卷。厚片的培根有点像红烧肉，配了苹果，口感酸酸甜甜的。

这一天的午餐特别安排在温哥华水族馆吃，而这一餐，让我的餐饮理念，有了些许改变。

特选的斑点虾每年只有六周的捕捞期。从美国加利福尼亚沿岸到加拿大温哥华一带海域的斑点虾品质最佳，做成沙拉，细嫩鲜甜。

斑点虾和三文鱼这两种食材，都是Ocean Wise（一个叫"环保海洋"的组织）认证的可持续发展的海产品，也是水族馆餐厅坚持并提倡使用的食材。听主厨和Ocean Wise的工作人员介绍完他们的理念，我突然感觉到应该修正我的饮食观念了。虽然自认为在饮食上我的三观还比较正确，但是在饮食上还是表现为爱"嘚瑟"、臭显摆，缺乏对平常食材的尊重。饮食的"可持续发展"，更多的是要重视那些我们常见的东西，不猎奇，更不能要求珍稀、独特。常见的原材料做出的美味佳肴更值得赞颂和推广，要在平淡中寻找美食的真谛。

太平洋里的鲑鱼，配了一块土豆。相比较来说，还是斑点虾好吃。

我特喜欢这一餐里面的甜品，甜与香都是我心里渴望的那个味儿，只是因为自己血糖高不敢多吃。放下勺子那一刻，心里真是不舍。这是我很久没有过的感觉了。

北欧美食的另一个高峰
——哥本哈根 Geranium

　　Rasmus（拉斯穆斯）领着我们参观他的厨房时，我发了一个视频。典典看到后，在微信上对我说："Geranium（直译为天竺葵）和 Noma（音译为诺玛）是两种不同的'极端地好吃'，又美又好吃，就是贵。因此特喜欢丹麦。"典典在哥本哈根待了一个星期，把城里的好餐厅吃了个遍，写过一个很详细的攻略，名字叫作《从"世界第一"吃到街边小馆——哥本哈根美味完全攻略》，有兴趣的朋友可以找来看看。

　　Noma 去过了，感慨良多。吃过 Geranium 为我们准备的午餐后，我基本认同典典的说法。它与 Noma 是哥本哈根美食的绝代双骄。贵吗？我倒是没觉得。好餐厅一定会贵一些的，因为你不仅吃得愉快，还能学到很多知识。

　　Geranium 是哥本哈根唯一一家米其林三星餐厅，在 2019 年 Best50（50 个最佳的）世界餐厅中排名第五。主厨兼老板 Rasmus 是获得过博古斯大赛金银铜三个奖的唯一一个主厨。他目前是博古斯大赛的教练，目前有几个国家参加博古斯大赛的选手在这里学习。他们都是各自国家选拔赛的第一名，在这里培训深造，为参加大赛做准备。

介绍几道特色菜和味汁。

酱汁是用去年的核桃叶子发酵后，加入美乃滋和核桃油制成的。蜗牛蛋配黄瓜汤，里面白白的珠子就是蜗牛蛋。

"竹蛏"是餐厅的名菜。这道菜上面的蛏子壳是用面粉做出来的，但是蛏子壳的颜色是用海藻和炭粉一起配出的，里面则是蛏子肉拌酸奶油。

发酵萝卜沙棘汁烤龙虾配奶酪。这一道菜的烤龙虾，是在日式烤炉上用炭烤出来的，所以有一点儿烟熏的味道。上面的橙色啫喱是用海边长的沙棘的汁还有萝卜一起做成的，所以它有甜酸的味道。旁边搭配的奶酪是当季最新鲜的奶酪，这种特别嫩滑的奶酪，我们可以叫它什么呢。噢——幼奶酪！

扇贝红石头辣根。这道菜是餐厅的经典菜，红石头啫喱是用红菜头做的，里面是扇贝和奶油。碗里的酱汁是辣根的汁。

1. 酱汁
2. 蜗牛蛋配黄瓜汤
3. 蜗牛和蜗牛蛋
4. 竹蛏

清淡腌制的芹菜配海带干青口贝和芳香籽（芥末籽）。在这道菜里，芹菜根在芹菜汁里煮过，在芹菜根中间的黑色的东西是海带。

大理石无须鳕鱼配鱼子酱和奶酪。这是店家的另外一道经典菜。鳕鱼、大理石的花纹是用香芹的末做的，配比利时鱼子酱和瑞典北部的鱼子加香芹油。加了酱汁，再撒一点儿炸过的鱼鳞，鱼肉上有一层西红柿水做的啫喱。

奶油鳟鱼配柑橘香草和发酵花椰菜。这道菜主要是将鳟鱼打成蓉，加一点儿奶油做成的慕斯。鳟鱼骨、鳟鱼油和青口贝做成汤。翻过来是花椰菜。

牡蛎挞配黄瓜和松露海藻。有一个是牡蛎挞，上面白色的是鳕鱼皮做的粉末，全麦的挞皮，下面是丹麦的牡蛎，还有黄瓜和有松露味儿的海藻。

羊肉芳香草松露和腌制松叶。主菜羊肉用到了羊的三个部分——羊腿、羊排、羊里脊。先把它们扎在一起，低温慢煮二十分钟，当核心温度达到56℃时，取出来放在高温烤炉上，用桦树的木头来烤，再用羊油煎一下，上面配的是应季的白松露和羊油渣。

1. 秋天的叶子，叶片由洋姜做成
2. 森林酢浆草和香车叶草

①

②

第二篇 知味

一口甜菜根黑醋栗酸奶和万寿菊。红菜头里是羊奶酸奶，配的是香草。

森林酢浆草和香车叶草。"树干"是李子做的，"绿叶"是香车叶草，红色的"果实"是松果，下面是酢浆草冰霜和香车叶草冰激凌。

焦糖烤杂粮和冷冻洋甘菊茶。这道菜品基本就是用焦糖慕斯、烤过的大麦、咖啡啫喱和冷冻的洋甘菊茶搭配在一起做

知味儿 董克平饮馔笔记

成的。

　　Geranium 的出品精致，就是那种非常"米其林"的感觉。菜式虽然是北欧极简风格的，但是遵循的是法式料理传统，在法式传统中又融入了北欧元素，并把这些元素予以极大的拓展与发挥。相比 Noma 的"离经叛道"的创新，Geranium 相对保守一些，也更符合米其林评判的标准，这也就是为什么 Geranium 可以是米其林三星餐厅，而 Noma 只能是两星的一个原因。有人说，Geranium 超越了 Noma，是丹麦美食的最高代表，但是我认为，Noma 与 Geranium 都是这个时代美食的骄傲，是丹麦美食的绝代双骄。

第二篇 知 味

"世界第一"的 Mirazur 餐厅

　　Mirazur（芒通）餐厅在尼斯附近的芒通海边的山上，这里可以无遮拦地俯瞰地中海美景。今年餐厅获得 2019Best50 第一名、米其林三星的荣誉。主厨 Mauro（毛罗）是阿根廷裔意大利人，但在巴西生活了很长时间，他把自己的餐厅开在法国，以至于他在领奖时，自己制作了一面带有阿根廷、巴西、意大利、法国四国国旗元素的旗子上台。

　　我曾在北京（北京香格里拉大酒店的 Azur 聚餐厅是与他合作的）、墨尔本几次见到 Mauro。在北京时，他邀请我去他的餐厅吃饭，在墨尔本那次见面时我们相约再次相聚，终于在三年后的今天我来到了他的餐厅，而此时他的餐厅已经是"世界第一"了！

　　看一下他们的食物。

　　小吃是将火腿肥膘裹在面包棍上，撒一点儿乌鱼子粉做成的。

第一道菜是吉拉多生蚝。里面配的是梨汁及梨的啫喱，另外还有洋葱、奶油以及一些小的"珍珠"——做珍珠奶茶用的那种木薯粉"珍珠"。

自种的三种番茄，配香草油和布拉塔奶酪酱汁。用酱油腌过的番茄和奶酪酱汁，还搭配有自家花园里的花瓣。很漂亮的一道菜。

下面这道菜配的是獭祭二割三分。东方元素的运用也是Mauro的特色之一。

浇过汁的盐焗自种红菜头配俄罗斯鲟鱼子酱。

博迪格鱿鱼配香蒜凤尾鱼汁。鱿鱼配香蒜凤尾鱼酱汁，下面还有洋蓟兰的慕斯。鱿鱼上来时，我还以为是面条。吃到嘴里的脆嫩的感觉，让我惊觉这是鱿鱼。

皮埃蒙特牛肝配烤鹅肝菌菇汤，里面鹅肝是超级美味。

当日特选鱼配洋姜皮埃蒙特榛子。安鱇鱼配洋姜的酱汁，还有脆脆的洋姜皮，配上皮埃蒙特的烤榛子，下面则是混合的蘑菇。

1. 浇汁盐焗红菜头配鱼子酱
2. 博迪格鱿鱼配香蒜凤尾鱼汁
3. 皮埃蒙特牛肝配烤鹅肝菌菇汤

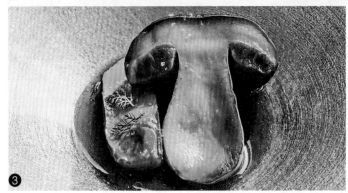

1. 特选鱼配洋姜皮埃蒙特榛子

2. 爱丽丝农场珍珠鸡

3. 橙花圣约瑟藏红花杏仁泡沫配橙子冰露

爱丽丝农场珍珠鸡，内有鸡油枞、糖渍柠檬、野芹菜、咖啡。把咖啡做成菜品的酱汁，我还是第一次见到。鸡肉处理得有些像粤菜的白切鸡，非常香嫩。

橙花圣约瑟藏红花杏仁泡沫配橙子冰露。

这一餐吃得很是满足。刚刚离开丹麦的北欧简约风格，在 Mirazur 又感受到了 Mauro 骨子里的热情。精选的食材，浓郁的酱汁，自家花园里的蔬菜、花瓣、香草，都被 Mauro 统一到菜品当中，精致而美味。视觉上美不胜收，味觉上也精彩纷呈。

夜晚在芒通城里溜达，城市不大，依山而建，老建筑很多，一层层从海边向山顶延伸，灯光下的城市显得沧桑而厚重。还不到八点，街上就已经没什么人了，穿行在街巷间继续感受法国南部海滨小城的风情。

欧洲美食之旅结束后的一点儿感悟

离开帕多瓦，途中经过博洛尼亚美食公园。这是一座接近十万平方米的美食购物中心，我们只有半小时时间，于是走马观花地转了一圈，坐下喝了杯酸奶就出发。

很好喝的榛子酸奶，细滑香浓。

这一天最重要的就是去吃 Le Calandre（直译为云雀），这也是这次欧洲美食之旅品尝的最后一家米其林三星餐厅。现在餐厅由 Max（马克斯）（正式名为 Massimiliano 马西米利亚诺）主理。幼时就开始对烹饪有兴趣的 Max，很小的时候就进入厨房帮妈妈做事了。1989 年，哥哥拉夫开始和父亲一起在帕多瓦的 Le Calandre（直译为云雀）餐厅工作。1992 年，这家餐厅获得了第一颗米其林星。1994 年 3 月 13 日，Max 被任命为 Le Calandre 的行政主厨，拉夫任经理。1997 年这家餐厅获得了米其林二星餐厅的荣誉，2002 年 11 月 27 日，又获得了米其林三星餐厅的荣誉，年仅 28 岁的 Max 成为史上获得米其林三星殊荣的最年轻的厨师，这个记录至今无人打破。

黑乌贼卡布奇诺（里面有熟黑乌贼丁配土豆泥和香葱）。主厨 Max 把这道菜取名为"人生第一口"，意为婴儿第一次吃到食物的味道感觉。吃的时候，搅匀土豆泥和底下的酱汁，细润柔滑，美妙不可方物。只是我有些扫兴，因为我真的不记得人生第一口是什么味道了。

杏仁马苏里拉。餐厅经典甜品，用蛋白和蜂蜜做壳，融合当地的牛轧糖，混合橄榄和水瓜柳。

Max 介绍菜品时，多次强调一致性和一贯性。一致性即

1. 帕尔马干酪球和酥皮卷
2. 空气包里裹的是茄子酱，鹰嘴豆球里是番茄酱
3. 烟熏鲭鱼果冻，配金枪鱼肚冰激凌、鱼子酱和乌鱼子
4. 黑乌贼卡布奇诺

餐厅整体环境（餐具、家具、灯光、装饰、服装等环节）与菜品风格的一致性，色调、理念、距离等都统一在设计理念里；一贯性强调的是多年的坚持，按照初心的指引方向前进不动摇。同时，新鲜、自然、自种蔬菜也是 Max 重视的内容。

这次旅行中遇到的星级餐厅都在强调这些，看来这些是在欧洲成为一个好餐厅的基本要求：用好食材做出好味道，才能成就一家好餐厅。国内有些餐厅也在使用应季食材、好食材，但是真正做出好味道的餐厅并不多见。

我觉得有个论调值得商榷（批判），很多厨师介绍菜品时总爱说"把食材的原汁原味呈献给客人"。我觉得要是原汁原味的话，还要烹调做什么？有些原料没味，你要给它味，有些原料有异味，你要去掉，不是所有原料（食材）的原汁原味都是美妙的。"有味使其出，无味使其入"，老祖宗的话说了几百年了，难道不是烹饪的道理？

我们要吃的是好味道——能给人们带来愉悦的美好味道。原味好，经过烹饪突出它；原味有缺陷，通过烹饪改变它。烹调，烹调，烹使之熟，调使之有味道。厨师的责任就是要让原材料产生好味道。别以为自己是"大自然的搬运工"，那个事儿是农夫山泉做的。你的岗位在厨房里、在灶台前。别用那些虚无缥缈的东西忽悠自己，还是要认真研究、了解食材的食性，

1. 甘草藏红花烩饭，配绿芹菜和朝鲜蓟
2. 黄油比目鱼配冠豆和章鱼酱汁
3. 无花果慕斯配浆果和大黄果酱
4. 杏仁马苏里拉

通过自己的技艺让它成为好吃的，成为美食吧！这段话是我此次欧洲美食之旅最深的感触，说得好不如做得好，只有好吃的菜才是实实在在的实力的证明，除此之外别无他选。

第三篇

知营

说说节气菜

晚上去了大董美食学院，参加大董节气菜之"立夏"晚宴。

前几年，大董已经做了四季晚宴。去年下半年开始，大董细分季节，用二十四节气细化四季的更迭，做节气菜。做节气菜在我看来是件挺难的事情。每个节气之间只有十五天左右的间隔，每年有二十四个节气，如果每个节气都要有新菜的话，这种变化节奏对厨师团队的要求真是太高了。同时，因为节气之间只有十五天左右的时间间隔，应季食材难有大的变化，利用食材为节气"背书"也是一个挑战。

经历了几次大董的节气菜晚宴，我看到了自己想法的一些局限。首先，大董有自己的当家菜，烤鸭、海参以及以往的一些成熟的菜式都可以根据节气的不同直接汇入或者稍做调整即可汇入节气菜菜单，这些菜就构成了节气菜菜单的主干。同时，利用中国幅员辽阔、地貌复杂、物产多样的条件，将东南西北各地季节性的优良食材、名优菜式，汇入节气菜菜单，使它们成为彰显节气的明显标志。苏州的秃黄油加青鱼秃肺、安徽黄山的竹笋、北京的香椿、江浙的蚕豆、潮汕的橄榄菜、渤海的大虾、东海的黄鱼、济南的蒲菜等等，在它们品质最好的季节运用到对应的节气中，就成为节气菜了。

节气原本是对秦岭—淮河一线以北地区气候变化的规律进行总结的产物，当时人们对自然区域的了解有着相当大的局限，而现在坐在家里可以知道天下事，身在北京可以吃遍全世界。人们对疆域的认识无限扩大了，物流通达又让大部分的食材可以迅速移动到另外一个地区。这样就有可能把全国甚至全世界都放到"节气"中予以观照。这样一来，不仅丰富了节气菜的内容，更让不同区域的美食在更大的范围内传播开来，让更多的人享受应时当季的美味。因此，在我看来，节气菜就是在发扬、发掘传统文化的基础上，融汇创新，让传统现代化，是传统饮食文化在当今形势下的与时俱进。

花开咯吱

大董节气菜

1. 榄菜青蚕豆

2. 香椿豆腐

3. 大虾寿司

4. 鲜花椒炝海参肠

榄菜青蚕豆

京季荣派官府菜

新荣记在华茂丽思卡尔顿设立的京季荣派官府菜开业了，张勇邀我过去吃饭，我便约了胤胤等朋友一同去那里吃了顿晚饭。

原本以为京季做的是北方的官府菜，吃过之后才知张勇已经调整了方向，现在是以南派的官府菜为主。张勇说他是好食

材认真做的代表。京季的官府菜基本上是以粤菜为根的，把好食材演绎出好味道。我觉得这倒是挺符合新荣记的气质的，这个理念也在源头上与官府菜相契合。新荣记的信条是"食必求真，然后至美"。好食材是菜品胜出的决定性因素，京季的官府菜所用的食材都是精选出来的，是优中选优。其中多数菜品的做法能看到粤菜的影子，这也是新荣记的一个传统。

说到官府菜，较为著名就是"南谭北谭"了。"南谭"指的是湖南谭延闿的祖庵菜，"北谭"指的是守业北京的广东人谭宗浚开创的北京谭家菜，南北二谭的菜，其根源都是粤菜。其中缘由，唐鲁孙先生在其美食文集《天下味》中曾经有详细介绍，这里就不多说了，有兴趣的朋友可以找来看看。由此看来，京季做的南派官府菜是有史可依、有据可查的，并且张勇又在此基础上增加了当代元素，一以贯之的是"好吃就是硬道理"。隐性的历史基因与显性的美味佳肴，大概就是京季官府菜的立意与追求吧！

今天的迎宾酒很有特色，酒杯里的冰块上有京季的 Logo（标志）。饭菜撤下后大家喝了一点儿威士忌，服务员上了一盘烤得十分香脆的风干羊肉，这与带有泥煤味的威士忌很配。

说起来，官府菜由来已久，宫廷御膳房流出的部分出品，各地官衙迎来送往的菜肴，还有各地长官私人厨房出品的菜式等，其实都可以纳入官府菜的范畴。现在，封建社会的朝廷没了，但官府菜却被留存了下来，有人捧场就有人做。从以往的官府菜来看，其呈现大致都会有一定的套路——根据不同的宴请规格，会有几盘几碗几点心几干果几热炒几冷盘等名堂，如果能把这个阵势做到位了，也就有官府菜的影子了。

我们还应该注意到官府菜的一个特点就是味兼南北，照顾到"饮食风味的最大公约数"。因为官员是南来北往的各地人士，口味和习惯不同，为这些人准备的菜肴，就不能是地域特色非常明显的，而是要兼顾多数人的口味，因此官府菜应以咸鲜口的菜肴为主。同时官场的官员年纪普遍较大，且旧时代人们的牙齿普遍不太好，菜品便多以软糯的成品呈现，这样也好嚼好消化。官府菜的另一个特点，就是要体现官府的富贵，就是干货较多，且会用比较复杂的手法烹饪。干货多是因为彼时鲜货运输不便，干货好运输好储存，但价格也贵；用复杂的烹饪手法是为了证明厨师的手艺高超，展现主人对客人的重视。鲍鱼要想好吃，必须有好汤煨炖入味。一煲好汤不仅用料繁多，而且制作繁复，老鸡、老鸭、筒骨、火腿、瘦肉、排骨统统用上，还要用鸡蓉扫汤，没有一番折腾是出不来的。这一点不仅在官府菜中有所体现，现今的高档宴席也有这一特点，但是这几年情况有所改变，新鲜、珍贵的食材成为饮食豪客的新宠。

饮食在当下的发展，正是其在挣脱传统走向现代的路上矛

知味儿 董克平饮馔笔记

盾挣扎的结果。就官府菜来说，形式还是需要的，口味倒是不用局限于以往官府菜的特点，因为时代变化了，也进步了，人们的口味和习惯也随着时代的变化而变化着，新鲜食材、珍贵食材应该成为今天官府菜的重要内容。改革开放后，人们的眼界开阔了，见识增加了，同时物流业发展了，新鲜食材随处可达、随时可见，美食的范围和内容都大大地扩容了，官府菜也可以借此风潮做出相应的调整和改变。在一定形式的规范下，要用好的食材、新鲜的食材，做出好吃的、健康的美味佳肴。

酒店一角

龙华茶楼：
老式的点心，"古早"的风情

和闫涛老师去澳门的时候，有幸认识了米夫老师。闫涛老师说，米夫老师了解澳门饮食的一切，如果想在澳门寻找特色美食，找到米夫就一切都解决了。闫涛老师的这番话，首先影响到了当红"网黑"陈晓卿老师，于是最近热播的美食纪录片《风味人间》的顾问中，就有了米夫老师的名字。我这次来澳门觅食，自然要拜见米夫老师了。

在微信上反复讨论后，我决定跟着米夫老师去龙华茶楼。这是一处老派的吃粤式早茶的地方。这家茶楼于 20 世纪 60 年代初期开始营业，至今还保留着原来的样子。

走进这间茶楼，你会发现这里没有空调，只有风扇，菜牌就是一张塑封的白纸，纸上写着点心的价钱。大概是因为在澳门生活的外国人比较多，所以还有一份英文菜牌。

点心做好了，摆在小车上，要吃什么就自己去拿。如果要吃炒牛河，只需和老板说一声，一会儿就端上来了。这里的茶位费是 15 元 / 人，米夫老师说这和大酒店的价格差不多。有人问为什么这么贵，老板漫不经心地回答："我的茶好。"

去年澳门刮台风、发大水，洪水有一人多深，老板放在一楼的茶被水浸了，损失了几百万。经过这一番打击，存茶的地方被老板搬到了楼上。现在二楼柜子里摆放的都是价值不菲的陈年普洱。我们要了一壶普洱，珠珠说喝起来挺舒服的。

我随于从小车上拿了一些点心，要了一个干炒牛河和青菜，喝着普洱吃着点心，很是惬意。我很喜欢这种充满市井风情的茶楼，点心也是传统的老式模样。凤爪就是直接蒸的，没有炸过，也没有泡发，更没用什么鲍汁，就是简简单单的蒸凤爪，嚼在嘴里，有滋有味。萝卜糕好吃，排骨好吃，干炒牛河配上一点儿甜辣椒酱也好吃。

这样的茶楼和我 20 世纪 90 年代初在广州时去的那些茶楼差不多。说实话，茶楼的点心一般般，算不上好吃，更说不上精致。只是这样的茶楼有一种轻松自在的气氛，人坐下来吃吃喝喝，东张西望，很放松。老板不时走过来，问问东西是否可口，顺带交流几句饮茶的心得，就像邻里间聊天一样轻松。

第三篇 知营

有一些老人，上午过来点上"一盅两件"，聊天看报，一坐就很久，茶泡得没了颜色才起身离开。老板站在柜台里喝着茶，看着他们来，听着他们聊，再看着他们离开，一副云淡风轻的样子。如果是偶尔吃一次早茶的客户，也许他们要的是味道、是精致，而老客户则对出品另有一番要求。长期在一个地方喝茶，大致就是一种习惯和一种依赖，此时要的味道就是熟悉到不能再熟悉的那种已经习惯的味道了。这时好不好吃不再那么重要，重要的是我来了，坐在习惯的位置上，有熟人和我一起聊天"吹水"（粤语俗语之一，指闲聊，也可以理解为侃侃而谈的意思）。

我虽然是第一次来这里，但我喜欢这样的气氛。相比北京的早餐，这里的早餐已经是很好吃的了，比酒店里的自助餐要好上许多。到一个地方，就深入当地人日常生活的场景中，和他们吃一样的东西，把自己放进当地人传统的场景中，正是我这些年一直追求的"饮食现场"。几十年没有什么改变的龙华茶楼，老式的点心，"古早"的味道，这一刻让人仿佛穿越到几十年前，那些人是否在讲着叶汉听声辨数的赌场秘技呢？

叶汉不在了，龙华茶楼子承父业的生意还在继续，并将传承下去。

西湖国宾馆紫薇厅的传统菜创新之路

2019 年 2 月 7 日。正月初三。杭州。

假期依旧，日子平凡。离开北京到杭州，大概是由于杭州气候湿润。今天下雨还有风，走在西湖岸边，风还要大一些，但是这样的湿冷我可以接受，周边的景色更是此刻的北京无法见到的。杭州现在的气温比北京高，湿度也比北京大，冷是暂时的，进了房间就是如春的温暖了。

西湖国宾馆坐落在西湖的西面，三面临湖，一面靠山，草葱绿，花烂漫，水如镜。

我十一点半出了房间，去西湖国宾馆的紫薇厅吃饭。这顿饭是来杭州之前就和董烨晖师傅约好了的，自从 2016 年来过这里以后，我就一直对董烨晖师傅做的菜念念不忘。这段缘分还要感谢程郁师傅，是他向我推荐了紫薇厅，并且带着我去了董烨晖师傅那里。那是我第一次走进西湖国宾馆，饭后还在院子里"上山游湖"地转了一圈，真是好饭好风景，来过就喜欢上了。

董师傅安排了几道菜，其中有一道安吉竹林鸡汤汆斩鱼丸是特意为我安排的。烹制的那条钱塘江鲈鱼是夜里才钓上来，一大早送过来的。鱼肉取片，切丝，再切成细粒，手打至上劲儿，做成鱼丸，这与那种鱼蓉做成的鱼丸完全是两种口感。颗粒状的鱼肉入口有点儿"调皮"，追着嚼也就找到了鲜味。鸡汤里加了丽水的红皮石斛，清鲜又滋补。

安吉竹林鸡汤汆斩鱼丸中的鱼丸从鱼肉到制成鱼丸，很是费了一番功夫。一碗鸡汤一个鱼丸，鲜到一起了。生腌蟹也是我很喜欢的一道菜。杭椒牛柳是传统的杭州菜。董师傅用雪花牛肉来做，就有了升级版的菜品——杭椒雪花牛柳。

这几样菜都是杭帮菜，但又与传统杭帮菜有所区别：不仅食材升级了，味道也更适合当今食客的口味需求。传统在延续中有了新的变化，正是对传承创新做出的回答。

席间，与西湖国宾馆餐饮的老大沈总聊天，我们俩在传统菜的继承与发展的问题上有很多相同的观点。沈总认为，任何创新菜式都要有根，要在传统菜中发现、发掘亮点，用今天的手法重新演绎和表达出来。我认为，传统菜是创新发展取之不

1. 四样小菜
2. 生腌蟹

尽的宝库,认真研究,升华改造,对于新人来说就是很好的创新。

消费者的年龄差异造成了菜品的"年代性"。父辈吃过的,孩子这辈未必见过,没见过、没吃过就等于是新的。那么这种"新"是时代造成的,更要求"新"出时代的特点。食材的变化、呈现的改变、器具的选择、调味的变化等,在某一方面或某几方面都要反映出时代特点。最关键的是,作为厨师你要在传统菜肴中发现可以利用的元素,并用你的聪明才智表现出来。今天紫薇厅的这餐午饭就是这样的一个典型:这是基于杭帮菜传统的调整与创新,在适应当下的消费形势和消费观念的前提下,做了有效、有益的尝试。

饭后在院子里散步消食,湖边的小路湿漉漉的,零星有人走过。遥望对面苏堤上如潮的人流,认真地享受着这份难得的山清水秀中的清静。

"彩丰十味"是个有益的尝试

4月11日。星期四。从北京到上海。

在家待了一天之后，我中午飞往了上海。Mandy（曼迪）在上海佘山世茂洲际酒店（也称世茂深坑酒店）推出了"彩丰十味"，并把这次饭局命名为"董克平餐桌"。既然菜单上有我的名字，那肯定要过来看看了。要办"彩丰十味"的事，去年在芜湖华邑酒店 Mandy 就和我说过，负责这个项目的主厨梁师傅也是我的旧相识，于情于理都是要来品尝的。

这是一座建在废弃采石深坑里的酒店，大堂在地平面之上，而住宿的话要往地下走。我住的房间在地下第七层，窗外就是那个大大的采石坑，坑底是一池碧水，抬眼能看见瀑布。我站在阳台上拍了几张照片。这可真是个有意思的地方。

Vicky（薇姬）很有心，送到房间来的茶点不仅是无糖的，还做成了我出过的几本书的样子。虽然在别的酒店我也见过这样的甜点，但是无糖的还是第一次吃，同时酒店还用黄瓜、番茄代替了水果。这也是一个让我很感动的细节，说明朋友的心里有自己！

办"彩丰十味"是洲际酒店集团在餐饮创新上的一个重大举措。目前，集团所属的酒店里有 25 家彩丰楼，今后还要陆续地开更多家。作为酒店集团，需要中餐能形成一个统一的品牌。彩丰楼中餐厅的基础菜就是以"彩丰十味"为主，辅以一些当地的风味菜肴。这样构成的"十味"能否在不同城市落地开花，能否赢得客人的喜欢就非常重要了。

这次与大家见面的"彩丰十味"就是近一段时间来梁师傅和他的团队努力的成果。

因为彩丰楼开在不同的地方，"彩丰十味"融合了多种味道、多种口感，力求具备很好的普适性。"彩丰十味"目前的特点是"甜酸苦辣咸香酥脆嫩鲜"，每一道菜体现其中一种具体的风味的特点。

凉菜是酒店中餐主厨容师傅做的。容师傅以前在朗廷酒店工作，他工作的餐厅曾经获得米其林三星荣誉，可谓是经验丰富、技艺高超。这从凉菜的出品上就可以明显地展现出来。

"彩丰十味"上来了：

响螺汤

1. 醒味辣鲍鱼
2. 琥珀脆皮猪肋肉
3. 焗大虾
4. 黑松露瓦罉焗鸡

1. 香麻鱼

2. 烈焰竹炭和牛肋

3. 富贵花开

4. 炒饭

甜品

　　这几道菜还挺好吃的。我觉得其中的焗大虾、琥珀脆皮猪肋肉很赞。不过烈焰竹炭和牛肋中的牛肉的处理还需要斟酌，香麻鱼的容器需要调整一下。素菜的味道不错，呈现也很有特点，甜品也是很受欢迎的。

　　虽然我对"彩丰十味"的设想是兼顾众口，但吃完还是感觉粤菜的成分居多，非粤菜部分稍显薄弱。不过，这十道菜并不是要组合成一桌宴席，它只是彩丰楼各个店的菜单上都有的菜。客人可以选择其中的几道，配合其他菜品来丰富自己的餐桌，"彩丰十味"带来的新奇感让消费过程有了新的话题。"基础菜加地方特色"的组合出现在同一品牌餐厅里，这种菜单的运用，是连锁餐厅经营上的尝试，效果如何还有待市场的检验。这个基础菜单也可以在尝试的过程中做出调整，以跟上市场需求的变化。

知味儿
董克平饮馔笔记

短暂长沙行，思虑万千重

长沙之行，"浮光掠影"地吃了三顿饭，听了朋友对恢复老字号饭店的一些想法，结合自己平日里的一些思考，突然想就传统与现代的理念在饮食的传承、融汇、发展等方面表达一些自己的观点。

和峥嵘一起吃午饭，吃着龟汁水晶粉、焗南瓜，喝着螺头汤，听峥嵘讲她对"天然台"的期望以及今后要做的事情。天然台是一家有一百多年历史的老字号饭店，抗战时期中断了经营，直到今年（2018 年）才恢复。餐饮企业 57℃湘买下了这家老字号饭店，努力挖掘出一些传统湘菜，并把传统与现代结合起来，于是有了现在的天然台。对于天然台，我觉得如何把传统湘菜融入当下的餐饮中是个值得经营者认真思考的问题，也是要花大力气解决的问题。这样的话说出来好像是四平八稳的空话，但是深入地去思考，再联想到湘菜的现状以及新旧湘菜的不同，这个话题还是值得讨论的。

我们知道，以前能在酒楼饭庄消费的，基本上是非富即贵，很少有平民百姓。北京一家老字号的经理和我说过他的经历。早年间他服务的地方虽然不是京城里顶尖的饭庄，但是来吃饭的人基本上是高级知识分子、资本家、官僚、名医，官员不多，也很少见到城市平民。北京如此，其他城市差不多也是这样。就长沙来说，天然台也好，玉楼东也罢，官绅是常客，老百姓就少见。观察这些酒楼的菜单，你会发现辣菜不多，辣到人呼呼喘气的菜式基本没有。酒楼饭庄都是举办宴席的，席上的人有此仪态定是不雅的，有失体面的事情是交际中的大忌。湘菜中最著名的谭家菜（谭延闿的家菜）基本没有辣菜，这与川菜中官员、贵族的"白席面"类似，它们都没有现在流行的那些辣菜。辣菜的流行是1949年以后的事情，消费主体更偏向于社会底层。政治、经济两方面的原因，造就了大辣大油大麻大咸的重口味菜式的兴起和流行。贵族的饮食传统中断了几十年，平民饮食风格也兴旺了几十年。虽然两者都在湘菜的大旗下，但细究起来，却是两股道上跑的车——走得真不是一条路。

我们当下如果要延续传统、吸取精华，就要把传统湘菜融入当下的新湘菜中，这是湘菜变革发展的一个必然选择，但新旧湘菜在口味上本身就有一个藩篱，在阶层属性上也有着巨大的鸿沟。辣与不辣、辣到什么程度，不辣之菜能否为当代消费者接受、喜欢，经营者能否坚持，肯否为坚持付出相应的代价，能否有足够的资金支持走下去的勇气等等，这些都是湘菜变革发展中的大问题。简单地说，融汇传统、为变革发展夯实基础、给当代菜肴赋予文化的力量，这也许是一个艰苦且漫长的过程，坚持就是极为重要的。那么，坚持的代价你准备好了吗？信心、勇气、智慧、资本缺一不可。你具备什么？又缺少什么呢？

匆忙之间也说不出什么道理，只是简单的思考而已。

1. 烩饭
2. 焗南瓜
3. 龟汁水晶粉

淮扬菜发展创新的有效路径：打造一批名店名师名菜！

今天跑了不少地方，一天三城：扬州、南京、芜湖。扬州的活动是参加芜湖活动前临时加的，应好友陈万庆的邀请，在2018淮扬菜美食文化国际创新发展大会上发言。原本我是准备了讲稿的，但是听了几个人的发言后，就决定扔掉讲稿，说点儿即时的心得。说是即时心得，其实也是思考了许久并践行了一段时间后取得了良好效果的一些经验。

在我之前发言的，是清华大学的一位教授。他认为淮扬菜的创新发展需要打造出一批具有"网红"气质的店和具备标准化的、适宜迅速推广的产品，最好能有像喜茶那样的产品出现，这样就可以快速推广淮扬菜了。

我是不赞同这种观点的。淮扬菜历史悠久，名菜多，名宴多，小吃多，在中华饮食历史中占有极为重要的位置，在当下更是如此。远有隋炀帝为今人留下的葵花斩肉，有康熙、乾隆把淮扬风味带到皇宫后庭；近有淮扬菜在国际交往、国家大事上扮演重要的角色，许多标志性事件的宴会都是淮扬菜在唱主角：1949年中华人民共和国开国大典首次盛宴、1999年庆祝中华人民共和国成立五十周年宴会、2002年宴请当时在任的美国总统乔治·布什等大型国宴，都是以淮扬菜为主的。淮扬菜历史悠久，名菜众多，文化底蕴丰富，菜系特点明显。优越的地理位置和自古以来的商业氛围，使其在中国饮食文化传播上的地位十分独特——接北续南，融汇东西。如果把如此丰富多彩的淮扬美食做成"网红"标准化的产品，是推广淮扬菜还是毁灭淮扬菜呢？对于这样的问题，估计餐饮从业者都能给出自己的答案。

我倒是觉得在"粤菜不做老大很多年"的今天，随着长三角经济带的实力增强，淮扬菜将会被更多的人接受。2017年中国餐饮发展相关报告的统计数据显示，国人的口感需求在2016年出现了很大的变化，甜鲜第一次超越了麻辣成为国人第一的口感需求，而甜鲜的口感，正是淮扬美食的基本特色之一。显而易见，有了这样的大势，发展和推广淮扬美食的有效路径并不是走简单的"网红"的路线，而是要尽快建立打造名店、名师、名菜的"三位一体"的发展机制。除了让淮扬菜在扬州能够响当当，走向全国其他城市乃至国外也要响当当。

当然，目前发展淮扬菜的首要任务是打造出本区域内的金牌店、招牌菜，尽快登陆各种美食评比榜单，培养、造就一批全国知名的大师，并使他们成为行业内学习的对象。在我的经验里，名店、名师、名菜这三项，每一项都可以制造出话题。在倡导分享的今天，有话题就易于分享和传播，这种自发传播给食者带来的情感温度是各种报告难以具备的，更容易被人信任和接受。当然这其中要做的事情很多，要细化的东西也很多，需要认真研讨、精心筹划。

做好度假酒店的餐饮

4月8日。星期一。万宁石梅湾。

我是在七点钟自然醒来的。虽然我住的房间就在海边，但隔音做得好，能看得见海，却安静得听不到海涛声。打开窗帘，外面的景色很美。如果不是要工作，在这样的环境里踏实地睡几天，想必就是天堂般的生活了。

我在不同的海滨见过很多疗养院，以前不知道为什么疗养院要建在海边或者是风景区里，后来知道了——这样的地方空气好，人睡觉香，身体容易进入放松的状态，因此对身体很有好处。昨夜睡得很舒服，早晨起来到海边散步，走在软软的沙滩上，吹着海风，舒爽！

今天刘研陪我一起吃早餐，我吃了一盘菜叶和一碗腌粉。腌粉被海南人直接叫作"海南粉"，看来是海南的特色美食了。早餐这碗腌粉量不大，几口就吃完了。

刘研又让我尝了一碗万宁后安粉。后安粉是海南的名小吃之一，因产自万宁后安镇而得名。后安粉的食材主要有猪骨、粉肠、大肠、其他猪内脏等。

饭后喝茶聊天。去年年初，我在三亚海棠湾威斯汀酒店见到刘研时，她告诉我她要来石梅湾艾美酒店做老总了，那时我还以为石梅湾艾美酒店是家新酒店呢。来了之后才知道，这家酒店营业已经快有十年了。

我总觉得酒店里的一些场景好像在哪儿见到过，刘研就告诉我，电影《非诚勿扰》的第二部很多场景就是在这里取景的。难怪有些熟悉的感觉。还记得那部电影是 2010 年上映的，酒店营业至今可不是快有十年了吗！时间真是不禁过，我对海南了解得太少，以前总是去三亚和海口，其他市县基本没有去过。这次总算离开三亚到了一个新的地方，虽然离机场有点远，但好在安静，沙滩也是这家酒店独享的。刘研说，这里有海南最好的沙滩，面积大，沙质细，海水蓝。

我喜欢这里，躺在床上就可以看见大海。

和刘研闲聊，说到度假酒店的餐饮问题，因为受到淡旺季的影响，这里的客流很不稳定——假期人多、平日里人少。所以，这家酒店在餐饮上的变化也比较频繁，在质量和特色等方面很难保持一致的水平。这里与三亚相比，距离机场较远且缺乏周边消费，这也是酒店面临的实际问题。虽然，酒店的环境和客房价格有一定的优势，但是如何做好餐饮，招来客人、留住客人就是很重要的课题了。既然到这里来的客人就是为了休闲度假、远离都市的喧闹，那饮食就是吸引客人的重要因素。

随着生活水平的提高，人们对旅行的内容和质量的要求也在逐渐提升，目的地的环境越发重要，目的地的美食也越发重要。这样的酒店如何做好餐饮服务？具体来说，菜单的构成要有特点，既要有当地特色（满足客人尝鲜的好奇心），又要吃得顺口、舒服（满足客人的口味习惯），还要体现度假酒店轻松的氛围以及豪华酒店的档次，这是酒店管理者需要解决的问题。显然不能用常规酒店的解决方式。对客人的分析（如户籍地、年龄段、口味习惯等）、在地食材新奇感和季节性、外来食材的选择与本地风味的结合、菜品呈现方式的潮流与时尚、厨师团队的构成和前厅的培训等，都是酒店管理者和餐饮团队需要认真思考的。

第三篇 知营

如果这些问题能够得到很好的解决，也许是度假酒店的餐饮突围、经营突围的一条路径。这其中，引进外来势力——非酒店管理的思维模式是一个好办法，也许可以把它作为一条搅动温吞水的鲇鱼来逼迫度假酒店提升自己。

我们离智慧厨房和有机产品还有多远？

晚上参加了海尔食联生态智慧厨房启动发布会，发布会的主题被定为"人间至味"。

这个主题可以看作是发展的愿景，但在我看来，这样的说法目前是难以名实相符的。

"至味"是美食的最高境界，"人间至味"就是现实中最美妙、最美味的食物了。"黑蜀黍"陈晓卿说"至味在人间"，这是一个对世俗生活充满情感的赞歌，是虚化却又因情感寄托能够落地、能够在家乡和亲朋好友那里找到的东西。把"至味"与"人间"换了位置，就有了点儿"实锤"的意思，实在代替了情感，情怀让位给了实用。

但是就目前的行业发展来看，"至味"的实现还很遥远，也许是"永远有多远"的那种遥远。简单地说，目前的智慧厨房更适合于做西餐或是烘焙产品，它做的中餐也多是炖、焖、烧、煮、蒸的菜式，还无法做炒菜。而是否有炒菜则是中西餐烹饪的最大区别所在。炒也是中国人最常用、最常见的烹饪方法。智慧厨房如果解决不了炒菜的问题，"至味"也就难以实现。所以我说，"人间至味"目前只能当作愿景来看，只能是提倡者的一种情怀。当然，能有这样的情怀就值得点赞！有了明确的目标，有了宏大的追求，一直努力做下去就好。

食联生态智慧厨房是海尔基于物联网的一项创新，可以说从制定菜单、选购原材料到具体制作，都可以一键操作完成。还可以根据人的健康状态制定出有针对性的营养菜单和饮食计划，这些都是基于数据分析来给出建议的。对于平时忙于工作的人、缺乏营养知识的人、"厨房小白"等来说，智慧厨房还是可以帮助他们解决许多问题的。我在发言中说，依据健康数据的科学调整，远比那些所谓的食补的说法可靠得多、有效得多，这是科学的力量，而不是模糊、不确定的养生理论。

活动上，"有机"是大家关注的话题。有人发言说，很多人因为情怀从而在致力于生产有机产品。然而，紧随其后上台演讲的一位有机农作物公司的董事长，开口却说是因为看到了有机产品拥有广阔的市场前景才去做的。我觉得这是真实的声音。逐利就是逐利，能赚钱是很光彩的事情，完全可以理直气壮地说，完全不用披上情怀的外衣。有时，拿情怀说事的效果不一定就是好的，也许会起到相反的作用。

有机产品是少数人享用的东西，在当今世界，标准化、工业化生产的食物占据了食物消费的绝大部分的份额。这和美国作家杰弗里·M.皮尔彻在《世界历史上的食物》中论述的观点有些类似。在讨论贵族与平民对食物的选择的区别时，作者有这样一段论述："吃营养价值较低的蔬菜变成一种炫耀性的饮食形式，以此表明贵族可以免于饥饿。……贵族对蔬菜的选择和大众不一样，劳工阶层吃卷心菜，贵族吃一般菜园里没有的，洋蓟、蘑菇、芦笋等。"虽然说的不是一件事——时代不同，人们对食物的消费也有了变化，但其中的道理是相通的。

重复的精进

这次去上海参加了佐大狮的内部培训和总裁办演讲活动。我在阐述的过程中，对一些问题也有了新的思考和梳理。

第一晚的活动是内部培训。说是培训，我更愿意称之为聊天。培训是 19：00 开始的，四五十人挤坐在很大的办公区内，有佐大狮的员工，也有外来的听众。我一个人坐在大家的对面，拿着话筒说了三个小时。本来设计了两个话题，可没想到第一个话题就用了三个小时的时间，还是意犹未尽，第二个话题只好以后再找时间聊了。

我一直认为，目前这个年代的中国是没有美食家的，有的话也是极少的几个。首先我肯定不是，虽然有的时候我被别人叫作美食家，但我不承认自己是美食家，因为我还不够资格。曹丕说："三世长者知被服，五世长者知饮食。"经历三五代虽不是定数，但是要懂得穿衣吃饭，也是需要经年累积的。美食是需要经验积累的，经验的获得需要时间，不多吃多见，不常走常见，就很难建立一个有价值的食物评价标准。这些都是需要时间和阅历的，太年轻的人肯定不行。而中国现在年纪大的这一代，从小过的是苦日子。中国人真正吃饱肚子要追溯到1990年前后，也就是改革开放十几年以后。那时候的人们已经可以享受到改革开放带来的成果了。但在此之前，大多数人还处在吃不饱肚子的状态，又怎么可能产生挑三拣四的美食家呢？

当然还有很多因素决定着美食家的诞生，但是吃饱这个基本条件如果在当时都成问题，哪里还谈得上吃得好，吃得上美食呢？我们这一代难有可以叫作美食家的食物探访者，也许下一代可以吧。

第二天的活动换了地点，不到十二点我们就到了虞山公园边上的太湖禅院。这天的活动大体就是和十几位餐饮老板聊天，说说我对饮食的看法。

讨论时，有位朋友问我怎么做食物才是好的。我说，你认为是好的就是好的，而且你要坚定地认为自己做的就是好的！口味这个东西，很私人，也很主观。没有一种东西会被所有人都说好，你认真努力做好，那就是好的。饮食上难有老少男女通吃的东西，做好你的目标客户的生意，生产让这些客户满意的产品就可以了。不能让所有人都说好，那么就让一部分人成为你的"死忠粉"好了。只要你认真去做，总会得到认可的。

我这样说也许有些武断，但是如果要听取所有人的意见，也许会无所适从。倒不如坚定信念，一条道走到黑，总能见到光亮。

15:35 我离开常熟，赶高铁去南京。

到了南京，小蒋接我去"都市里的乡村"餐厅吃晚饭。先前小蒋推荐了几个餐厅给我，分别是做日料、粤菜和淮扬菜的，我看了一下，还是决定去都市里的乡村。老板是朋友，菜式熟悉，味道也喜欢。到了吃一顿少一顿的年纪了，还是多去靠谱的、熟悉的餐厅吧！

刘老板知道我要来吃饭，开了一张菜单，上面都是我喜欢的食材——鳝鱼、大肠、甲鱼、芦蒿等。尤其是芦蒿，我吃过的最有味道的芦蒿就是在都市里的乡村吃的。今天这道菜一上来，我就闻到了芦蒿的香气。

菜很好吃，好吃到没有点主食就已经吃饱了。刘老板这家店，我介绍过很多朋友来品尝，多数人都很满意。今天与我同时来就餐的，有两拨是北京来的客人，说是看了我的推荐来的。这是刘夫人在我走的时候告诉我的，我听到后很是开心。都市里的乡村的菜式其实没有什么花样，就是以食材取胜。好食材加上家常的做法，二十年来都是这样，味道也就不用怀疑了。如果你喜欢淮扬菜，那就更能体会到这些食材给你带来的味道享受。

在吃"中西餐结合"时，
我们到底在吃什么？

　　今天来参加华尔道夫酒店的"幸会·新荟"活动。除了介绍华尔道夫酒店在全球的布局，本次活动主要是为了推出一套新的菜单：厉家菜的传人厉晓麟先生，与华尔道夫酒店西餐主厨——来自马来西亚的刘先生合作，推出了一套中西合璧的菜单。在介绍中看到许多境外的华尔道夫酒店，真是漂亮极了，其中马尔代夫的那家实在是令人向往。

　　晚餐则是在华尔道夫酒店的四合院里吃的，用的就是两位大厨创新的菜单。院子的天井里搭起了天棚，长条餐桌摆在院子里。环境是中式的，饮宴方式是西式的，倒也和中西合璧的菜单挺搭配。

知味儿

董克平饮馔笔记

1. 翡翠呈祥

2. 法国鸭肝配中式

脆馒头片

3. 新西兰鹿肉

178

今天的菜在我看来基本上是西式的，即使有中式元素的出现，也被西式造型淹没了。吃的时候还能感受到一些中餐调味的东西，但是待到吃完了，还是觉得这是一顿西餐。

中西餐结合一直有人在做，结合的方式也是多种多样。一场宴会上，可以是中菜和西菜分别上，也可以像今天这样一盘菜里有中又有西，还可以将中菜以西菜的方式呈现，或者是西菜烹饪中使用中菜的调味方式，在西菜中表现中菜的味道——这些只是写日记时随便想到的，到了烹饪实践中还会有更多的方式和路径。但无论是哪种方式、哪种路径，前提是一定要把菜做得好吃。这一方面，大董的意境菜结合得就比较好。当然在我见到的或是吃过的其他的融合菜式中，还有其他很不错的。

总体上看，真正做到自然融合又特点突出的并不多。这让我想起在澳大利亚墨尔本吃过的一些菜品。那些澳大利亚厨师在烹饪实践中，除了有深厚的西菜烹饪功底外，对亚洲料理的风格，特别是对和风、东南亚风格的借鉴和融合做得相当自然，好像就是他们本土该有的那般。这和墨尔本是个移民城市有关，各个国家、多种民族的移民共同在墨尔本生活，他们各自的饮食风格已经融合、汇聚成当地的饮食特色。厨师们在这样的环境里长大，在这样的环境里生活，在这样的环境里学习，在这样的环境里工作，自然就将平时习惯的味道带到工作当中。如果他们有意识地对传统西餐做出变革，其生活的经历和城市的

第三篇 知营

氛围，就是最好的学习源泉。所以他们的借鉴和融合是那么自然和谐，不是将几种食材简单地放在一起，而是把调味等与菜品和谐地、有机地结合成一个整体，让不同的饮食风格通过料理给客人带来新的味觉体验。对于中西餐结合，个人觉得澳大利亚厨师的一些经验值得我们学习借鉴。

在我看来，中西餐的融合，不是中餐和西餐简单地叠加，也不是一道中菜一道西菜的排列组合。简单说，是知道一道菜正确的表达方式是什么样的，要知道为什么会是这个样子，找到菜之所以成为菜的内在规律，了解原材料和烹饪、调味间的关系，明白一道菜里中式风格与西式风格的主次关系、配搭原理，让中西餐在一个盘子里和谐地呈现为一个整体（包含造型、颜色、味道方面），才可以算是合格的中西餐结合。

关于中餐创新的一点儿看法

在一次采访中，我被问到对中餐创新有什么看法，我当时稍稍想了一下，便说了不少。这个问题经常被人问到，但从来没有像这次这么一本正经地回答过。这个回答有点长，在此整理一部分文字，和大家分享。

说起餐饮的创新，其实不仅仅是中餐，任何一种餐食都在变化着、创新着，因为你不创新、不变化，就意味着消亡。味道的传承一定是在人们的唇齿间鲜活地流转着的过程。在我的饮食概念当中，没有正宗，只有传统。

正宗是什么？正宗在我看来只是人们在某一个阶段对某一种味道的固定描述，某种味道在这个阶段可能被认为是正宗的，但是过了这个阶段就很难说了。因为我们知道社会在变、人在变、环境在变——什么都在变，味道一定也在变。味道不变的话就不对了，那就是死亡的、没有生命力的东西，所以它一定是在变的。但这个变是怎么变，根据什么来变，这是所有的从业者，包括我们这些写美食或者说是评价美食的人，都要去考虑的。那一定是根据现有的条件、根据人们的口味和习惯，一点点地渐变。

有人说，现在吃的东西不是以前的那个味道了，但以前那个味道是什么，却谁也说不清楚。我们以前说柴火灶、禽畜散养等，可换作现在，就算把全中国都变成牧场去散养禽畜都不够中国人吃的，就算把中国的森林全都砍了也不够中国人烧柴火灶的。单就灶台来说，我们就经历了从柴火灶到煤灶再到燃油灶、燃气灶的过程，甚至现在流行的是电子灶。几度变化让我们看见中国人的烹饪条件已经变了，那我们的烹饪手法和烹饪工具要不要变？肯定要变。所以，烹饪条件、烹饪手法、烹饪工具都变了，你说味道会不会变？答案是一定会变。

举一个很简单的例子。如果你现在到香港去的话，就会发现生活在香港的年轻人不会把麦当劳当作外来食品。三十岁以下的人，他们大部分人会认为麦当劳是本土美食。这其实是因为这批年轻人从小就接触那个味道，所以他们就会觉得这是他们自己的味道，是香港本地的味道，就不会认为它是外来的美食了。像这种已经融汇到香港味道中的外来味道，我们可以宏观地说这是外国的味道，不是香港的。香港是中国的，但要知道，简单地以行政区域去划分味道，在今天的社会已经很难操作了。就像辣椒进入中国四百多年，生生地在中国演变出多种风味的菜肴，使辣味成为西南地区风味的主旋律。

我再举一个例子。北京的家常菜馆的概念应该是在1988年前后出现的。那个时候家常菜馆的菜是什么样的呢？大多是类似于红烧带鱼、排骨炖扁豆、西红柿炒鸡蛋、烧茄子、西红柿炒茄子丝等等。不过在1993年前后，当大鸭梨、金百万这些品牌涌现出来以后，诸如梅菜扣肉、清蒸鲩鱼、烤麸、鳝糊等菜品开始进入北京的家常菜馆。如今且不论北京家常菜馆里的鱼香肉丝、宫保鸡丁等做得好坏，这些菜确实都已经进入北京的家常菜菜单里了。为什么？因为北京这个城市容纳的已不再是那些"纯粹"的北京人——就是提笼架鸟的那些旗人，或者说不再只是胡同里的北京人了。现在的北京是一个开放的北京，全国各地的人纷纷来到这里，全国各地的风味随着这些人一起到来，融汇成了新的北京风味。

这些东西都是在变的，居民的构成变了，居住环境变了，味道是不是也要变了呢？

答案是一定要变的。味道这东西，食物这东西，一定是在交流融合中不断地吸收、沉淀的，人们把适合某区域的东西做出新的地方风味。

在变化的世界里，中餐就一定要创新。那中餐以什么创新

第三篇　知营

呢？如果说要我们往回走，去寻找那些老味道，那是无法创新的。那该怎么办？我之前说过，粤菜是生命力最强大的中国菜系，从世界范围来看，其实粤菜是完全可以代表中国菜的——在各个唐人街或者世界的各大码头，都能找到粤菜馆。为什么？因为它们在当地不仅已经有了一些改变，同时它们还保持了中国人自己的风格。要知道，粤菜是吸收外来烹饪手法、外来调味方法、外来烹饪工具最主动、最早、最多的菜系，在中式餐饮里面，它也是跟世界餐饮最接轨的，所以我觉得它的生命力是最强的。所以，中餐的创新可以多借鉴粤菜的经验。

知味儿
董克平饮馔笔记

说说对中国美食在国际的理解

回到北京就开始忙碌。《味道的传承——影响中国菜的那些人》丛书已经进入攻坚阶段，计划着六月出来第一季。青岛出版社的老师觉得出版这套书是一个很有意义的文化事件——不仅关乎饮食，更有文化截面的现实意义。出版这套丛书是我的一点情怀，力图用人物和他们的代表菜品为近二十年中国饮食的发展留下一些资料，用个人的发展轨迹记录中国菜的发展变化。

中国的改革开放已历经四十多年的时间，我们的国家发生了巨大的变化，中国人的饮食随着国家的发展，也有了天翻地覆的变化。全面记录力有不逮，选取饮食发展过程中杰出人物的得意菜品，从微观角度出发，积少成多，就是我的一点儿小心思了。这个想法得到了青岛出版社的认同，还有一些小伙伴和多位大师的支持，现在终于可以期待丛书第一季的面世了。在此，谢谢各位的支持和帮助。

下午两点赶到金茂万丽酒店接受一个采访，让我说说自己对中国美食在国际上的地位等一些方面的理解。这是为香港《镜报》准备的一个人物专访话题，不知道对方怎么选了我。来都来了，那就说说吧！中国饮食好吃的很多，不仅中国人喜欢，很多外国人也喜欢。但要说到中国美食在国际上的地位，它和我们对中国美食的器重，可能会有很大的差距。

有人说中国美食走进联合国活动场所的时候，在宴会和表演结束后，采访对象都在夸赞中国美食。我说，如果完全以这些镜头的内容来说明中国美食已经征服了外国人的味蕾，可能是不够全面也不够深刻的。吃完你的东西，谁不会客气客气，说些好话呀！

我觉得真正衡量一个国家的饮食在国际美食上的地位的标准，要看那些在全球有影响力的榜单上有多少家呈现这个国家味道的餐厅。Best50 榜单中没有一家中餐厅。再看米其林美食指南，沪穗港澳台这几个区域中，中餐优势明显，但离开这些传统中餐区域放眼世界，中餐馆上榜的数量就少得可怜了。

我们从自己习惯、熟悉和喜欢的口味出发，当然觉得中餐好吃，鲁苏川粤最合我们的胃口。如果我们从国际通用的美食标准出发，会发现中餐的地位还不够强大，中国距离成为一个美食大国还有很长的路要走，还有很多事情需要努力去做。作为一个饮食传统大国，我们有悠久的历史和丰富的菜肴，因此不能妄自菲薄，但是，面对中餐在国际上的实际地位，我们也没有骄傲自满的本钱。

　　总有人问，我们为什么要按照外国人的标准评论自己呀？自己玩自己的不是挺好吗？是的，如果关起门来自己玩，玩来玩去都是自己和自己比，在自己熟悉的环境里、语境下，玩得肯定是轻松开心。可是中国菜在国际上到底有多厉害，是不能由中国人自己定义的。和国际上其他区域的美食对比后，才可以看到中餐到底有多大的能量、多大的影响力。

　　走出国门，走向世界，美食的评判标准就和我们熟悉的那些不太一样了。如果不想被孤立，就要在这种同行的规则下一比高低。你真的有信心、有能力为中国菜赢得荣誉吗？

第三篇 知誉

进了米其林的评价体系，
就得按它的游戏规则行事

"凤凰新闻"的狗爷对于捕捉美食新闻总是很敏感，每次新的美食榜单出炉，他都能迅速做出解读。以下，是刊登在凤凰网美食频道的他对我的采访的新闻稿。做了一些整理，与大家一起欣赏。

7月16日，2019广州米其林指南正式发布。在今年的新版榜单中，出现了广州首家米其林二星餐厅，同时新增了3家一星餐厅。这座城市星级餐厅的总数增至11家。

然而，整个广州却依旧未出现米其林三星餐厅。都说"食在广州"，饮食文化如此深厚的地域却两年均无三星餐厅。这是否说明由西方评判标准主导的米其林不懂广州美食？

对此，我们采访了美食作家，《舌尖上的中国》第一季和第二季、《风味人间》《中国味道》等多部美食节目、纪录片的总策划、总顾问，法国 Laliste 世界千家杰出餐厅终审评委，携程美食林理事成员，美团点评黑珍珠榜理事评委董克平，请他谈了谈他的看法。

多重因素使得粤菜在全世界备受推崇

凤凰网美食：为什么全球范围内获得米其林星级餐厅荣誉的中餐厅几乎都是粤菜餐厅？

董克平：粤菜是中国最早走出去的地方风味菜。因为广东那边华侨多，很多人在国外开餐馆谋生，也就把粤菜带到了外国，落地在他们生活的地方。同时，香港特殊的地理位置、政治地位，方便了外国人了解以粤菜为代表的中国菜，而香港的粤菜又吸收、容纳了许多西式的烹饪方法、工具、食材、调料等，让外国人有了了解中国菜的兴趣与渠道。

改革开放后，国内的五星级酒店里的中餐厅大部分以做粤菜为主，尤其是那些国外品牌的五星级酒店里的中餐厅，做的菜基本上都是粤菜。这也让大多数来中国的外国人接触的最多的中餐都是粤菜，以致形成了"中国菜就是粤菜，粤菜就是中国菜"的印象。

相比于大陆其他风味菜系，粤菜的清新淡雅、讲究食材、

第三篇 知营

少油轻盐、多海鲜的特色，更容易被米其林评委接受。

粤菜的强势与评委视野的局限，致使榜单上的粤菜馆居多

凤凰网美食：2019 广州米其林榜单评出首家二星餐厅，既然粤菜的国际影响力不低，为什么广州选不出三星餐厅呢？

董克平：米其林美食指南进入中国大陆只是近几年的事情，进入港澳台的时间要早一些。这三个地方比较好的中国菜餐厅，大都是粤菜餐厅。那些评委匿名探访最多的也是这些粤菜餐厅。粤菜的强势与评委们视野的局限，造成了今天的美食指南中，好的餐厅仍是粤菜餐厅居多的局面。

但是，米其林美食指南的评审规则是西方人制定的，肯定与中国人的饮食审美、口味习惯有着巨大的差距。你可以不喜欢、不相信他们的评审结果，但是只要你进入这个评价体系，就要遵守人家制定的游戏规则。这和个体的情感无关，只与谁掌握着话语权有关。米其林美食指南与 Best50 以及 Laliste 榜单、美团点评黑珍珠榜单入选餐厅之所以有区别，大致就是因为话语权在谁手里是不同的。

米其林美食指南的评价体系最严谨

凤凰网美食：米其林指南的评价体系对于中国餐饮界来说，其参考价值在哪儿？

董克平：米其林指南通用的五项标准分别是：一，食材品质；二，准备食物的技巧和口味的融合；三，厨师的创意与个性；四，烹饪水准的一致性；五，物有所值。

米其林美食指南的人正在梳理对中国饮食的认识，他们从熟悉的内容出发，开始更大范围、更深度地进入中华美食。这有助于中华美食扩大自己的国际影响力，有助于中华美食加快国际化的脚步。不过从另一个角度讲，中国味道如何找到恰当的国际化表达方式，也是中国餐饮人面临的重大课题。

凤凰网美食：相对于黑珍珠、美食林，米其林美食指南评选的独立性体现在它具有一整套严格的保密制度——没有人知道什么时候开始评选，谁是评委，评委什么时候去过餐厅、吃过哪些菜。因为米其林派出的美食密探都是自己付费消费的。这样的评价体系是否更合理？

董克平：就目前各种榜单的评判机制来看，米其林还是最严谨的。评委们是在匿名的情况下，像完成作业一样地工作，

第三篇 知营

认真度和专业度也是他们的特色之一。所谓合理性，是自己的体系能够形成闭环，这一点还是米其林做得好一些。

喜欢的餐厅都已上榜，明年广州依旧不会有三星出现

凤凰网美食：今年上榜的餐厅中，有没有你比较推荐的餐厅和推荐的菜？

董克平：玉堂春暖的白切葵花鸡、柚子皮、萨其马、炳胜的酸辣海皇羹、蒸蚌仔鲜鲍鱼，惠食佳的啫啫走地鸡、黄鳝等都是我很喜欢的菜。

凤凰网美食：都说"食在广州"，您心目中的广州味道是什么样的？对于最新发布的广州地区的米其林榜单，你觉得满意吗？你心里还有哪些遗珠？

董克平：我喜欢的基本都在榜上了。如果说遗珠，江山酒家我还是比较喜欢的。这家餐厅是这次荣获米其林二星荣誉的餐厅的主厨黄景辉先生自己的餐厅，在粤菜的差异化经营上，黄先生很有想法。

凤凰网美食：你认为哪家餐厅明年有望成为首个米其林三星餐厅？

董克平：就米其林评选标准以及评委的构成来看，广州明年也不会有三星餐厅出现。如果成了米其林三星餐厅，那就是一个太小众的餐厅了。可是米其林又不喜欢私房菜的概念，因此我觉得目前广州那些做得好的、消费者喜欢的餐厅没有一家能够达到米其林三星的标准。米其林三星要的是情怀，中国餐厅要的是生意。能把生意做到米其林星级水平就已经很不容易了，所以广州的米其林三星在目前看来还是可望不可即的。

在日本本土之外，日餐也有改变
——曼殊日本料理餐后感

离开杭州前，我去了紫萱度假村里的曼殊日本料理餐厅用晚餐。几年前，俞斌曾和我说过要在杭州做一个最贵的日餐店。这次终于可以见识一下这家店了。

一行三人没进包房，就在板前坐下了。前几天在日本京都"吃游"时，我们是能在坐板前就不进包房。孙兆国说，能看着厨师工作是最好的学习机会。一个能在客人注视的目光下完成工作的厨师，水平肯定到了一定的高度，否则他会紧张的。所以在曼殊，我也选择了坐在板前，这样可以看着厨师工作，也可以随时和厨师聊天、请教。

料理长阿玹来自中国台湾地区高雄市，另一个料理长也是高雄市人。他们从台湾到上海闯荡，之后又到了杭州，开始在曼殊工作。我在台湾吃过几次日料，感觉很不错。阿玹告诉我，1895 年之后，日本强占台湾长达五十年。1945 年后，日本的饮食文化继续影响着台湾人的生活，日餐的料理方式就是其中之一。这也是台湾地区日本料理的水准普遍较高的原因。

这道冷渍和牛引起了我的兴趣。和牛先煎一下，再用洋葱汁腌制。吃时切成薄片，配土豆泥、罗勒油、洋葱萝卜泥，味道有些奇怪，但很好吃。这道菜既不是中餐，也不能算是日料，我说是大厨自己的创新菜。来自台湾的大厨说他喜欢融合，有了感觉就做出来试试。这道菜倒是有点儿用法餐技法做日料的感觉。

阿玹说香厢蟹是松叶蟹的老婆。这个玩笑让我对这道菜印象深刻。

曼殊的金吉鱼做得很是特别，阿玹将西京味噌酒放进金吉鱼里，然后烤制，配上百合，用葱酱调味，很是美味。

珠珠说，这个恶魔卷可以叫作"什么都可以卷"，里面有海胆、鱼腹肉、大腩、蟹籽、甜虾等。

这一餐吃下来，对比前些时间在京都吃的几餐日料，让我对日本料理有了新的认识，理解了Nobu（著名的日本料理餐厅）受到客人青睐的原因。阿玹的出品，与我在京都吃的那些日料有很大的不同。他有自己的风格，他也说自己是按着自己的理解去制作那些菜品的。

也许我们在强调"正宗"的时候，有意无意地忽视了变化与发展，尤其是离开日本本土的日本料理，如何做到与其本土一样"正宗"，始终是个难题，而这在中国的难度也就更大了。中国国内的日料因食材的限制，很难做出像日本的顶级餐厅出品的菜品一样。当然还有别的因素，如气候、环境、氛围、文化等都会影响日料的出品。那么，要做出品质好的、能让消费者喜欢的、能让消费者愿意接受的日本料理，就需要做出变化，就需要厨师具有理解力和创造力。说到底，就是需要有适应市场的能力。这种因各种因素做出的改变，或许就是在压力下的一种创新，最终生变出源于传统日料又融进了新的地域市场需求和厨师创造力的新型日餐。

源于北美洲的那些花式寿司在日本其实很难看到，但是在美国、在中国花式寿司已经成为寿司家族的重要成员。Nobu作为一家日料店，它的主厨可以是挪威人，生鱼片还可以烤一下再上桌，这些变化在日本本土是很难看到的，但是在其他地区却可以生根，开花，结果。

阿玹这一晚做的菜品中，热的、熟的菜式的占比要比我以往吃过的日餐多一些，我觉得这是个不错的探索。中国人饮食的一大特点就是什么都要做熟了再吃，凉菜也是熟食居多，生拌菜少且历史短。日餐则是冷食多、生食多，所以要做市场还是要做"正宗"，要做给消费者吃还是要做给"半吊子"的美食评论家吃，都是问题。日料的主厨可以按自己的理解做出客人喜欢的菜，既是市场的要求，也是在日本之外闯出属于自己的菜式创新之路的方法和路径。

在和阿玹聊天的过程中，我有一个体会：做好创意日料这件事能走多远，全靠自己的悟性，因为师父基本不教，需要你自己看、你自己学、你自己悟。

恶魔卷

1. 黑松露甘栗饭
2. 寿喜烧中配的牛肉
3. 成品寿喜烧
4. 分子料理做的苹果冻

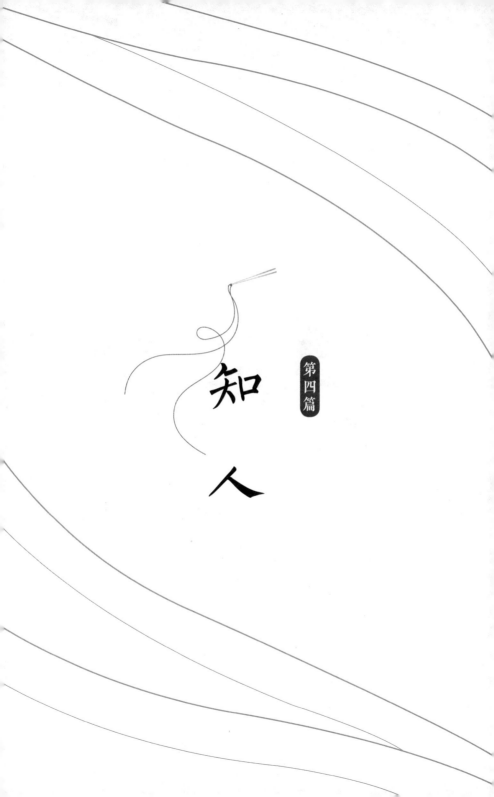

第四篇

知

人

王义均：讲点儿北京饮食掌故

从左到右依次是董克平、王义均、屈浩

日记坚持写了 1000 篇了，今天写的是 1001 篇。日子就在写日记的时候慢慢溜走了。追不回来了，也就没什么惋惜的。反正都是日复一日、年复一年地过着，等到写不动的时候，属于自己的日子也就差不多要过完了。如果那个时候还有力气回头看看，就会发现后面这几十年真是吃了不少好东西。不信，可以查日记的。

中午去了环宇荟五层的鲁采餐厅。屈浩老师约我吃中饭，屈浩老师的师父国宝级烹饪大师、鲁菜泰斗王义均老先生也在。

知味儿

董克平饮馔笔记

鲁采要把自己做成鲁菜名店，找到王义均老先生和屈浩老师"加持"才是正路。几个月前第一次去鲁采吃饭时我和他们团队说过此事，没想到鲁采的团队的行动力还真是不错，于是就有了今天的饭局。

阿胶酸奶

1. 蛋羹海蜇脑子
2. 石锅银鳕鱼

吃饭时王义均老先生边吃边说，给我讲了许多老北京餐饮的掌故和传统鲁菜的知识。屈浩老师补充讲述了厨房管理和烹饪方法。这一餐受益匪浅，不仅吃到了不错的菜肴，更是学到了很多餐饮知识。屈浩老师说，能听老爷子讲餐饮那些事儿就是天大的福分。我也希望今后能多有几次听王义均老先生讲餐饮的机会。

鲁采的菜做得不错，今后要是能得到王义均老先生和屈浩老师的教诲，肯定可以再上一层楼的。

蛋羹海蜇脑子是王义均老先生"钦点"的菜，我是第一次见，也是第一次吃。

王老说，过去家乡人做的面条特别鲜，因为汤是用焯蛤蜊的水做的。

席间，王义均老先生讲了个过去打包的故事。旧时，北京饭庄、酒楼里吃完饭将剩菜打包不叫打包，叫"落菜"，意思是您落在我们这儿的。既然是落在饭庄里的，伙计就有责任把菜给客人送到家里去。客人结完账写个地址，伙计等着饭庄没事了，提着（挑着）食盒，甭管多远都是走着送到客人家。到了一敲门，门房看了条子收了落菜，就会给几个赏钱，名曰"车费"。伙计拿着空了的食盒，转身走回饭庄就继续干活了。

第四篇 知人

陈立：从食物到文化

才睡到七点钟，我就被窗外的鸟叫声叫醒了。阴天，像是要下雨。出门溜达，顺着落满桂花的小路走到水边，一路都香香的，静静的，美美的。紫萱度假村的位置太好了，出了房间就是景区，而且人很少，可以随意游逛。

这次来杭州，源于和陈立老师的一个约定。九月初在北京录制《风味实验室》时，梦遥和我都被陈立老师的学识惊呆，节目结束后想继续听陈立老师讲饮说食。很多朋友都推荐我去陈立老师家吃饭。新荣记西溪店开业时，陈太太就邀请我去家里吃饭，后来在杭州城中香格里拉大酒店的春节家宴上，陈立老师再次发出邀请。这次在北京和陈立老师一起做完节目，我便约了梦遥在长假后去杭州，一起去吃陈立老师的家宴。临行前，冷燕加入进来，杭州三人行正式成团。

上午 10:30，俞斌安排好了车送我们去陈立老师家，东山弄很好找，出了杨公堤很快就到了。坐在客厅里听陈立老师"布道"，学会了给烟斗装烟丝的三个要点——"婴儿的松、儿童的轻、少女的实"。抽着陈立老师腌制的夏季用烟草，浓浓的烟草香开始弥漫。这种香气和纸烟的味道完全不一样，像是仙气一样好闻。

陈立老师说中国难以产生宗教，驯化五谷的过程就是人的自我完善的过程。儒家讲究"内圣外王"。中国人不需要上帝，没有原罪，自我完善的过程就是成为上帝的过程。由食物到文化，这是陈立老师认识中国人、中国文化的路径。这一路径与中国文化形成的历程相吻合，只是很多人没有明确意识到。

陈老师进了厨房，师母一边泡茶一边和我们聊天。特别羡慕陈老师夫妇间琴瑟和鸣的感觉，这就是人间的神仙眷侣呀！喝了几泡2008年的正岩大红袍之后，陈立老师就叫我们入席，只见桌子上摆了两个陶煲，一盘石子烤馍（陈老师叫它面包），一罐黄芥末酱。

两个陶煲里分别是白玉蜗牛和炖牛蹄筋。牛蹄筋炖得稀烂软嫩，粘唇粘齿，陈立老师让我们抹点儿黄芥末酱配着石子烤馍吃，果然好滋味！

白玉蜗牛

　　白玉蜗牛是陈立老师发明的一道菜。按照陈老师的说法，这道菜就是将西式的材料融合了中餐的料理方法做成的。这道菜以番茄和洋葱炖用杜松子酒腌过的蜗牛，味道很鲜美，口感很舒服。在我看来，很难说这是中餐还是西餐，但这就是一道好菜，一道好吃的菜。

　　两个炖菜之后，还有一道虾子竹笋、一道鲻鱼片和一道鱼丸汤。这些都是杭州这个季节的时鲜。我就着石子烤馍，很认真地吃着这些菜，很认真地听陈立老师讲这些菜和这些菜背后的故事。

到陈立老师家吃饭不仅可以吃到市面上见不到的菜式，更能听到陈立老师在饮食上的高见。同行的朋友梦遥在朋友圈里说："之前录《风味实验室》的时候，跟董老师约好了节后来拜访陈立老师。今天陈立老师的家宴，有好茶好菜好故事。我如沐春风，超级享受，太开心了。"

徐小平：成功就是
最大程度地满足他人需求

今天北京的天气特别好，蓝天白云特别像我在大理时看到的那般——当然，你要忘却室外的风寒。开车在五环路上看着蓝天下的西山，车内温度是24℃，感觉一切都是那么美好。90千米／小时的速度、稀疏的车辆却告诉我这样的美好只是一个人在车里的自我麻痹，"疫情"依然继续，我们还要自我隔离。

胡同墙壁上的砖雕，图案看上去很吉祥

"疫情"持续，人也继续宅在家里，同时继续接受各路朋友的"投喂"。收到朱俊从上海给我寄来的快递——食庐的几道菜。一个大大的塞满冰和包装纸的大盒子，菜是在密封的盒子里的。我切开一只鸭子，放到砂锅里煲着吃，味道太美了。

南京的侯新庆给我寄来了江南春天的第一鲜——刀鱼馄饨的材料，午饭时我包了几个。以前吃过太多次刀鱼馄饨，感觉今天吃的最好吃。包的时候就在念叨朋友的好，吃的时候更是几乎落泪。好吃是一个原因，更多的是感恩朋友的关爱。自己又加了点儿鸡汤和头水紫菜，撒上了点儿葱花、香菜末，好吃极了。

晚餐继续吃朋友们"投喂"的各种食物，在朋友的"投喂"中度过防控规定的自我隔离时间。眉州东坡的招牌名菜东坡肉，还有眉州东坡的总裁梁棣先生送来的菜薹，加上泓0871云南菜的刘新兄弟送来的黑三剁，三个小菜，荤素搭配，有滋有味。有高蛋白质食物，有绿叶菜，还有"下饭神器"黑三剁，这顿晚餐又吃美了。

这些天生活在朋友们的关怀中，虽然新冠病毒的肆虐让我感觉到生命的脆弱与渺小，但朋友们的关心让我感受到情意深重。这些年认识了很多饮食业的朋友，力所能及地做了一些事情。前两天我和朋友玩笑说："这些年积攒的人情在这个时候爆发了。"这是一句玩笑,但也是这些年积德行善、认真做事、善待朋友的结果。

记得还在玩MSN(一种聊天软件)的时候,我的签名是"予人玫瑰手有余香",我一直努力按照这个要求去做。有心种善果,一定有好报。这是对自己的要求。前段时间,看到徐小平老师在获得母校授予他法学荣誉博士时的发言,大致就是我坚持努力这样做的内心动力。

2017年,加拿大萨斯喀彻温大学授予徐小平老师荣誉法学博士。仪式上,徐小平老师做了即席发言,其中有一段话是这样说的:"利他和利己是一枚硬币的两面。应该把不计回报地帮助他人,变成自己的一种本能。所谓成功,就是在一定程度上满足了他人的需求。利他的范围越大,就越接近世俗意义上的成功,利他精神发展到极致终究是成就自己。"

对的,利己和利他并不冲突,你在做事的时候超越了那个狭隘的我,把帮助他人变成一种本能的自觉,就是成就自己。这些年我一直这样做着,并且要一直这样做下去。

陈晓卿：明白自己要做什么，
然后努力去做

从莆田来到北京，晚上去了玛黑法式小酒馆。菜挺好吃的，厨师做了一些他理解的法国菜。菜好吃，酒好喝，人更 nice（好）。真是要感谢友人组织了这样的一个饭局，大家吃美了，喝好了，高高兴兴地过了端午节。

今天吃到了像火腿一样的鸭胸肉。咸肉拼盘上来时，我们都以为那是火腿，但其实是用做火腿的方法做的鸭胸肉。它不仅样子很迷人，味道也真是不错。就是为了这道鸭胸肉，我破例喝了一些酒，接着就喝了最近一段时间以来最多的一次酒。

菜是特意为今天的端午小聚准备的，好菜必定要配好酒。离席去透气的时候，陈晓卿老师给我上了一课。主题就是要明白自己是做什么的，然后努力做好自己。做哪一行说哪一行的话，努力说得地道专业就好了。这是一个看起来不高、实际却很难达到的标准，个中缘由，大概努力过、努力着的人都有体

第四篇 知人

会。不过能说这种话的人，大致在一定程度上也是功成名就的，虽然是自身经验，却也有些居高临下的俯视。道理很简单——如果你还不够厉害，你都没资格这样说。

这样的道理我是近几年才有一点儿领悟的。因此一再告诫自己要认真做事，做好自己，少言轻言，做事努力，说话轻声。用事实说话，别扯那些不相干的形容词、情感事。而且做事要扎实，想做好一件事就一定要深入进去，虽然我个人能力有限、见识有限，但是要努力做到在自我能力范围内的最佳。

陈老师说，扶霞（《鱼翅与花椒》的作者）为了写一篇关于北京烤鸭的文章，已经在北京吃了一个月的烤鸭了，而且还要继续吃几家。传统的、现代的、改良的，大店的、小店的、老字号的，一一吃过来，比较它们之间的差别，梳理流变的缘由。我不知道一个老外怎么能写出这么多关于烤鸭的文字，但是扶霞这种态度确实是我学习的榜样。

屈浩：教你认清茺还是盐

　　午餐的时候，师傅上了一道香菜炒牛肚百叶，吃了一口就喜欢上了这个味道。牛肚很嫩很香，吃起来很是过瘾。以前吃的这道菜，百叶是那种脆爽的口感，有的甚至还很难嚼烂。这道菜可不一样，百叶香嫩，细嚼无渣，香味盈腔。

香菜炒牛肚百叶

问大厨赵师傅，他说这个菜其实叫汤爆百叶。新鲜牛肚买回来，自己慢慢洗干净，先用高压锅压 45 分钟，然后用二汤加香菜爆熟。这道菜很"讲究"，香菜只能用香菜梗，里面有香菜叶就是"不讲究"。

我在不同场合、不同餐厅吃过这道菜，百叶基本上都是白色的，但赵师傅说那种水发的牛肚做不出这个效果。我的疑问在于我之前吃这一道菜时，基本都把它叫作芫爆百叶，赵师傅的这道为什么叫汤爆百叶呢？当然这个名字和赵师傅用了二汤有关，也和制作时汤汁的使用有关。但是用了那么多香菜，不该叫芫爆吗？

香菜也叫芫荽，以前望字生意，想当然地把芫（yán）读作 yuán，点这道菜的时候自然也就念作 yuán 爆百叶了。有一次和屈浩老师一起吃饭，遇到了这道菜，菜单上写的是"盐爆百叶"。我对服务经理说菜单写错了，经理也是一脸懵，我正要继续"得瑟"，屈浩老师拉了我一下，我立刻就意识到可能是我错了。服务经理走开后，屈浩老师告诉我，店家这么写也有他的道理，因为他们只是把芫字的读音写成了大家更熟悉的"盐"字。我不明白地问，难道芫这个字不读 yuán 而是 yán 吗？屈浩老师肯定地说，芫荽的芫就是读作 yán。

记得饭后我带着疑问回家查了《新华字典》，果真是屈浩老师说的读音。

当时，屈浩继续解释：芫爆菜，一个说的是技法"爆"，一个说的是原料"芫荽"。这是传统的鲁菜，别的菜系里很少见到。不过一定要用香菜梗，出现香菜叶就是店家不讲究。这类菜基本都叫"芫爆……"，芫爆的百叶、散丹、肉丝比较常见。香菜的味道、胡椒粉的味道、汤汁的味道、主要原料的味道，通过爆汇聚在一起，构成芫爆菜的风味特点。

屈浩老师是美食大家，是鲁菜非物质文化遗产传承人，师承国宝级烹饪大师王义均先生，入行在丰泽园，受过多位鲁菜大师的指导，学习掌握了丰富的鲁菜烹饪知识与技术。他说得有根有据，与他一起吃饭，听他讲烹饪技巧、饮食掌故，每每受教良多。这次关于 yán 与 yuán 的小插曲，虽然是八九年前发生的事情了，但是我一直铭记在心，告诫自己要收敛无知的狂妄，小心谨慎，谦虚做人。

第四篇 知人

大董：谈菜品呈现

中午和大董约了采访。在我主编的《味道的传承——影响中国菜的那些人》丛书中，大董作为被记录者位列其中。

讲述、记录当代中国菜，大董是一个不能错过的"高峰"。在菜系形成的条件已经慢慢消失以后，大董凭一己之力创造了中餐烹饪的一个流派，他不再用地域或是技法来作标签，而是综合了技法、融合了地域，以中国传统文化为这个流派的"背书"，以审美的呈现为中国味道做出了国际化的表达。

因此我对这本书的建议是：不要在几大菜系中讨论大董，甚至不要在中国菜的范围内进行讨论，一定要在国际范围内以Fine Dining（雅宴）的标准来看大董的创新。大董的中国意境菜，尤其是四季品鉴会的菜品及其呈现方式，带给人们的不仅仅是食物的味道本身，更是一种多元文化因素的组合。食客要抱着一颗积极与食物对话的心，不仅要去寻找，还要去发现，才能体会到食物的更加丰富的意境。而这些正是当代美食所要求、所涵盖的内容。

和大董聊了两个多小时，听他讲对美食的理解。对当代美食，大董强调菜品的呈现方式很重要。改革开放以后，中国餐饮进入快速发展期，大家的餐饮生活先后经历了吃饱、吃好、吃健康、吃营养这几个阶段，中餐的菜品大致也是随着社会的进步、消费者的进步经历了类似的阶段。大董称之前那些阶段的美食为现代美食。社会发展到了今天，餐饮应该出现当代美食了，而当代美食最明显的特征，就是在保证健康营养的前提下，用"审美"的方式来呈现。用"审美"的态度制作食物，赋予食物艺术化的呈现，让食物赏心悦目，既好吃又好看。这是当代美食的重要内容，也是人们生活水平提高后，精致生活的重要内容。

现代美食也好，当代美食也好，这些提法还比较新鲜。大董说，这些概念是在谈话中自然生发出来的，不算成熟，有待细化和丰富，但大致可以说当代美食是未来美食行业的发展方向。纵观那些米其林三星和 Best50 餐厅，其菜品的呈现大致也是如此。

第四篇 知人

大董：让北京烤鸭更有味道

4.0 版本的大董烤鸭，在上海、北京四场霜降宴上都做了展示，相信这道带有热带风情的香茅味小雏鸭很快就会在大董的各个门店与客人见面。前两天有幸在上海、北京两地参加了大董的霜降宴，提前吃了香茅味小雏鸭。

大董自己说："在这次的版本升级中，我将传统的'外烤里煮'的工艺，结合了利老香茅烧乳鸽的制作方法，经过两年多时间里的几十次的试验，终于找到了最佳的工艺结合点，大董'酥不腻'的 4.0 版本香茅味小雏鸭，终获成功！"

两年前，有一个朋友问大董，北京烤鸭和广东烧鸭，哪个好。这本来是不能去比较的，就像你问南方人好还是北方人好一样。可就是这样的一个问题，给了大董一个思路——把广东烧鸭的味道嫁接到北京烤鸭上，让北京烤鸭更有味道！思路有了，方法就很简单了。大董和他的团队曾经去广州白天鹅宾馆学习利师傅的招牌菜"香茅烧乳鸽"。把香茅烧乳鸽的工艺，借用到了大董"酥不腻"烤鸭上。

所以具有香茅的味道成了 4.0 版本烤鸭除了酥不腻之外的另一大特点。对于熟悉和喜欢传统烤鸭味道的客人来说，适应这道 4.0 版本的大董烤鸭可能需要一个过程，它在酥脆嫩润之外有了芬芳的气味。对于南方不熟悉北京烤鸭的客人来说，那就要接受"无法拒绝的酥脆芬芳"的慰藉了，因为 4.0 版大董烤鸭除了他们喜欢的酥皮和肉嫩，还有来自南国的芬芳。

这晚吃的香茅烤小雏鸭还加了黑松露助兴。

吃香茅味小雏鸭，得喝马爹利傲创，只有烈酒才适合 4.0 版的浓香。

今日的宴席上还有一道赛螃蟹，是用龙虾汤桂花蕊和意大利阿尔巴黑松露制成的。"冲天香阵透长安，满城尽带黄金甲"。螃蟹味儿虽美，奈何赏味期却短。为弥补食蟹者的遗憾，聪明的厨师像变魔术一样，用鱼肉、蛋黄、葱、姜等制成螃蟹形状，运用烹饪技法催生味觉的转化，创造出了一道形和味胜似螃蟹的菜品，以供喜食蟹者聊以解馋。

这道菜大董用龙虾汤炒鸡蛋，佐以金秋时节的意大利阿尔巴黑松露，更是惊艳至极。这道菜软嫩滑爽、味鲜赛蟹肉，不是螃蟹，胜似螃蟹，故名"赛螃蟹"。

太湖三白　　　　　　　黑松露

晚宴的另一主题就是华永根先生带来的太湖三白和三秃了。"秃"是苏州话，是"独有""只有"的意思。三秃则是秋季里苏州食物中的顶级配置：又香又糯的南塘鸡头米、只取大闸蟹蟹黄蟹膏的秃黄油、"桂花开它来，桂花落它走"的鲃鱼之肝，三种顶级食材炒在一起，让人一口惊叹，两口销魂。秃黄油色泽金黄、凝结如团，鲃肝肥腴润嫩，三鲜争艳。此乃菜中珍品，味及鲜顶。至味人间，人间至味。

席上的太湖三白使用的是太湖白鱼、白虾及蟹白肉，可热吃，亦可冷吃，用料细致，口味清淡中见鲜味，是秋季的名品。此菜色泽洁白，蟹肉、虾肉、鱼肉三鲜合一，营养丰富，是菜中极品。

这又让我回味起烤鸭的历史。烤鸭是从"金陵烧鸭"的焖炉烤鸭开始的，再到全聚德的挂炉烤鸭，随后挂炉烤鸭成为烤鸭的主流。一百多年后，大董顺应健康饮食的观念，推出酥不

知味儿　董克平饮馔笔记

腻烤鸭。它皮酥肉嫩少油，迅速红遍北京。此后，大董锐意进取，推出二十二天长成的小乳鸭。从大到小的演变，反映了生活富足之后消费者对味道和口感的追求也发生了变化。而 4.0 版烤鸭的推出，则是南北结合的结果。让自然之香在火烤中升华，不仅丰富了北京烤鸭的味道，更为北京烤鸭破浪出海、争取更多的消费者做出了有益的尝试。这是传统在味道变化中迭代发展的产物。它也展现了时代味觉发展的轨迹。

香茅味小雏鸭与苏州三秃，一个是锐意创新之果，一个是传统的当代再现，可谓是殊途同归。继往开来、勇敢创新不仅是社会进步之路，更是中国菜未来发展的基本方针。这一餐饭明白了这个道理，算是没有辜负大董二十四节气之霜降宴的良苦用心。

第四篇 知人

孙兆国："智荟·六宴"上的新番菜

　　前几天在上海出差，去了孙兆国开在外滩的新店。新店开在外滩 22 号，名字叫"智荟·六宴"。老孙对我说，他在尝试中国菜的全新的表达方式，他要做一种符合上海这座城市气质的菜式，利用饮食把上海的过去、现在、未来勾连起来，让一餐饭穿越上海的一百七十年。之所以把店开在外滩，老孙在他的公众号里是这样说的："十里洋场、开埠通航的璀璨沉淀，成就了当今的百年外滩，它是中西文化交融的最佳呈现地。体验外滩的饮食文化，就是体验百年海派菜肴的集萃经典。"

　　我曾于 1996 年买过一本书——《开埠——中国南京路 150年》，讲的是 1840 年第一次鸦片战争之后，中英《南京条约》的签订，使得上海成为当时第一批通商口岸中的一个——那也是上海的"开埠元年"。实际上，1843 年中英《五口通商章程》和《虎门条约》作为《南京条约》的补充和细则被签订，上海开埠其实是在 1843 年之后。开埠后的上海迅速成为中国第一大城市、远东第一大城市，成为亚洲与世界接轨最紧密、最迅捷的城市，这也造就了上海的城市气质。上海从松江府管辖的上海县到上海府再到上海市，进而在民国时成为上海特别市，建立起上海在中国近代历史上的特殊的历史地位。

上海开埠后，外国人大量涌入，番菜应运而生。孙兆国说："当时的西餐馆，中国人称为'洋饭店（馆）'和'番菜馆'。前者主要面向西方食客，比较符合西方人的口味；而后者多面向华人，实际上做的是一种中西合璧的西餐，更符合华人的口味。"经过多年的调查研究，孙兆国发现番菜这个菜系是非常适合现代人的。他经过多次测算，发现在大圆桌盘菜分享的情况下，餐余率大约是35%；在每人每位独立进食的情况下，餐余率可以从35%下降至12%。而番菜的位份菜品，则能够让餐余率从12%降至7%。以上这些数据都是孙兆国在过去三年里，经无数次的测算得出的结论。

减少餐余垃圾，是目前国际上顶级餐厅都在努力践行的理念，这也是我在丹麦、法国、意大利等国考察过多家米其林餐厅之后得到的最深切的感受。餐厅经营者有责任把可持续发展当做自身的使命，减少餐余垃圾的同时创造出更多的美味。孙兆国每年都要去欧洲及日本等地考察，想必对此深有感触，在观摩学习烹饪技巧和烹饪理念的同时，他也意识到了自己作为名厨的责任。在"智荟·六宴"吃的这些菜，可以说是孙兆国学习成果的展现，更是他对中国菜表达方式的思考与探索。他在节约的前提下，考虑到了温度、味道、仪式感等因素，让就餐有了程序和仪式，让食客变身为一场菜品秀的欣赏者和品鉴者。这样的经营方式，无疑是中餐表现形式的创新，让吃饭变得好看、好玩、还好吃。

即使以严苛的标准来评价"智荟·六宴"的出品，我也必须承认这些菜是好吃的，至于价钱如何并不是我关心的。在我的评价标准中，一道菜只有值不值，没有贵不贵。你吃了觉得学到了，那就是值了。"智荟·六宴"的就餐过程，就是食者与食物之间的用心的对话。

宴会上的新西兰红虾，要先吃虾脑，再将薄如蝉翼的萝卜包裹住整条红虾来吃，很有创意。松叶蟹以前吃过，但这一次

互动体验的前菜让食客们大开眼界

老孙是用高温的火山岩石将松叶蟹烫熟的。装在大腹杯中的松叶蟹汤香气四溢，松叶蟹肉炒饭加上了嫩豌豆和蟹黄，整个屋子都是松叶蟹的香气。

"智荟·六宴"呈现出的新番菜是孙兆国个性化饮食美学体系的初步展现，无论从哪个层面说，我都会力挺到底。

兰明路：举起川菜创新的大旗

我原本要去上海的，因为兰明路来了，所以推迟了；本来要去延庆参加阿里巴巴的一个创业营的活动，因为兰明路来了，也只能推掉了。放弃一切应酬，就因为兰明路要来北京做美食节。因为兰明路是我的好朋友，是我最喜爱的川菜大师。

2012 年年末，在《中国味道》节目拍摄时吃到了兰明路做的泼辣鳜鱼之后，我就深深地记住了兰明路这个名字——菜好，人更好。兰明路是史派川菜传人，艺途艰辛。海外游学归来，拜入川菜大师史正良门下深造，深得师父的川菜烹饪之奥义，且多有创新。史先生驾鹤西去，其门生公推兰明路执掌史派川菜大旗。兰明路不负众望，继承发扬师父的宏愿，在川菜烹饪领域多有建树，赢得天下广誉。

这次兰明路"客座"1949 全鸭季，做的不多的几道菜却颇见功力，其菜尽显川菜之美味，把川菜"一菜一格百菜百味"的特点展现得淋漓尽致。按照小宽老师的话说，就是"好吃到难为情"。面点大师葛贤萼也做了被众人赞为"此生最好吃的

兰明路：举起川菜创新的大旗

黄桥烧饼"助兴。晚宴完美，兰师傅威武。

几道前菜味道干净纯正，可体现川菜调味之美、兰明路调味之精。他一出手就震惊大家。

之后的清汤素燕用的是开水白菜的汤和冬瓜做的素燕窝。汤很美，素燕做得极为滑嫩，食材简单，功夫老道。酸辣粉丝酸辣平衡周正，不抢不夺，中庸和谐。干烧大乌参做得糯而有嚼头，这道菜的配料都好吃到足以让人吃下一碗饭了。鱼香笋壳鱼这道菜味道也很惊艳，酸甜辣咸完美地烘托出了鱼肉的鲜，几种味道和平共处，慢嚼缓释，层叠过渡出来的鱼香滋味很是迷人。

前菜：烧椒鲜鲍鱼、口水鸡、椒麻青笋、甜皮鸭

1. 酸辣粉丝

2. 干烧大乌参

1. 怪味鹅肝

2. 担担面

3. 冰粉

值得一提的是怪味鹅肝。多种味道混合而成的那种怪怪的味道，配上肥润香滑的鹅肝，真是一种奇妙且美妙的味觉体验。川菜的怪味由麻辣酸甜咸香苦等味道混合而成，不混沌、有层次才是好的怪味。现在已经很少有人能做出完整的怪味了。吃了这道怪味鹅肝，就能让人体会到川菜怪味味型的奇妙之处了。

葛贤萼大师制作的黄桥烧饼，被刘春兄誉为"此生吃过最好的黄桥烧饼"。为此，刘春兄还回忆起中学课文《黄桥烧饼》中，陈毅元帅曾经说到过黄桥烧饼。刘春兄说，那时他就馋得想吃，后来也吃过许多次，但今天吃到的黄桥烧饼最出色、好味。

兰明路说，担担面要用力拌，拌到酱料完全黏在面条上才算合格。这时候吃，才能完整地体会到担担面的味道。

饭后的冰粉里有水果，有醪糟汤圆，有红糖圆子。透明的那个是冰粉。一个个吃下来，它们有不同的味道、不同的口感。即使是甜品，兰路明也要让食者体会到川菜的魅力。

菜单上本没有水煮牛肉这道菜，因为我之前吃过多次，觉得这道菜很能体现兰明路调味的水平，特意让兰明路加了。因为是临时加的，只做了三个例份，所以一端上来，就被大家一抢而光。

在绵阳时，兰明路对我讲过这道菜的关键是刀口辣椒。多少二荆条、多少皱皮椒、多少子弹头、多少花椒面，它们的配比、怎么炒，决定了做出的水煮牛肉的味道和口感。那些撒点儿辣椒面、花椒面，浇一勺菜籽油就做出来的水煮牛肉，都是"山寨版"。

俞斌：现代烹饪如何呈现

这一天是立冬。最近冷空气来得频繁了，出家门的时候感到了一丝寒凉。杭州还是一派绿意，郁郁葱葱。这个时候的杭州很舒服，白天有太阳的时候很温暖，夜色降临后微凉。坐在房前的庭院里喝着茶，空气中不时飘来桂花的甜香，若有若无，可当你认真地去找时，却总也找不到那些花。

俞斌在紫萱度假村开了三个餐厅：一个中餐厅，一个日餐厅，一个法餐厅。中餐和日餐我都吃过了，很是喜欢。这次来主要是想试试他最近准备推出的法餐的新菜单。我曾介绍胤胤去过，后来再见面时，胤胤向我大大地赞美了三燕阁的法餐。

胤胤说，没想到几个中国厨师可以把法餐演绎得如此完美，有法餐的"范儿"，还有中国的味儿，二者和谐、完美地在一套菜单、某个菜式上呈现出来。胤胤很少这样夸奖一个餐厅，这让我对三燕阁的晚餐充满期待。

1. 庭院里依旧郁郁葱葱，坐在桌前品茗
2. 两个小葫芦其实是吸铁石，夹着菜单

鹅肝

1. 人生
2. 黄狮鱼丝卷

第四篇 知人

235

生蚝

三燕阁的新菜单，一共有18道菜，有寓意人生的不同阶段的意思。

今天的鹅肝很有意思，有一个木盒，打开木盒，里面的东西一眼看上去像是19世纪80年代流行的"金币巧克力"。撕开包装，发现里面竟是鹅肝，尝一口，真是鲜香顺滑。

这道叫"人生"的菜，八卦上拖着巧克力脆皮球，里面是柠檬汁和牛奶，应该象征着人生的某个阶段……

这道熟成黄狮鱼切丝卷，上面是指橙，吃时滴上金华火腿油。

法国生蚝就放在开生蚝时用的手套上，旁边是雷司令冻加莼菜，配在一起，清爽适口，雷司令的甜和生蚝的鲜一股脑地在口中汇合。

还有一道以麻婆豆腐的手法呈现出的黑白熊猫豆腐，豆腐中加了干贝、皮蛋和大小适中的鲟鱼白子，配上热热的米饭，吃的时候豆腐还是烫的。俞斌说，这道菜想呈现的是当地人对于辣的喜爱和接受程度。一碗下肚，过瘾！

有一道皇帝蟹腿，是放在炭火中烤制的，吃的时候可以配

第四篇 知人

鲳鱼

撒了墨鱼粉的黑猪肉饼

米醋、姜汁和大闸蟹油。炭火里还埋了小红薯，做法奇特，味道鲜美。

黑猪肉饼以黑猪肉为饼底，里面配有扇贝刺身、节瓜、荸荠，酱汁是酸奶油鱼子酱，还撒了一些墨鱼粉，让这道菜的口感和味道的层次都很丰富。

鲷鱼菜是在鲷鱼的上面铺了一层脆米，无疑增加了口感的层次，吃的时候配的是蘑菇泥和酸辣汁。

烤 M9 西冷，搭配的是陈皮粉。

今天还吃了一道面疙瘩，它的做法灵感来自拌川粉，而杭椒和黑松露的加入则给这道菜增添了不同风味的香气，炸干葱圈又带来了细微、灵巧的口感。

白松露巧克力配红糖吐司给我的印象深刻。热热的吐司，端上来香极了，配上白松露的香，让餐后甜点也成了一枚美味的"碳水炸弹"！

还有山核桃蛋羹，配鸡头米和燕窝，简直太好吃了！温热的山核桃"泡沫"，配上燕窝，还放了应季的鸡头米，一勺舀起垫底的蛋羹，一口尝尽甜、咸、香三种味道，就忍不住多吃了几口。

今天这些菜是俞斌和他的团队设计制作的，很多菜品的设计灵感来自他们日常生活和工作中的点滴，也是他们学习国际先进烹饪理念和著名餐厅菜品设计思路的成果，这既是立足于传统的借鉴与融合，也是现代烹饪理念在中餐烹饪里的有益探索。

这餐饭给我的感受是：在一个美丽的地方吃一顿令人回味的晚餐，是一件非常愉快的事情，这就是我在紫萱度假村的三燕阁法国餐厅品尝了俞斌先生即将推出的新菜单后最深刻的感受。

这餐饭让我看到了现代中餐烹饪的更多的可能性。大家不一定要分辨清楚一道菜它是中餐还是西餐，但它是融合、借鉴的，用可用的、合适的手法制做出让人欢喜的味道就可以了。也许，这就是现代烹饪的要义，也是中餐取得突破的有效路径之一。在感叹食物精致、美味的同时，我还要为俞斌大胆、有效的创新喝彩。在我有限的饮食经验中，俞斌这套菜单的呈现方式，也许可以成为中餐 Fine Dining（雅宴）的典型范式。

第四篇 知人

段誉："川流不西"精彩纷呈

段誉说，下午要试一下晚宴的菜品，有什么问题还来得及修正。晚宴要在拾久举办，试菜也是在拾久，所以午饭自然就约在了拾久。

下午三点钟后试了几个"川流不西"晚宴的菜品，我提了一点儿意见，有的是关于造型的，有的是关于味道的。我是从一个消费者的角度提出自己的看法的，希望能帮到他们。至于改不改、怎么改，那是大厨的事情，况且，这些菜品原本就已经很不错了，而我只是希望能做到更好。

晚宴于晚上七点开始。牛金生、段誉、蔡家豪三位老中青不同时代的大厨上台和大家打过招呼，就算是开启了今天的晚宴。段誉说我是今天晚宴的监制，因此一定要我也说几句。这个监制其实是段誉强加给我的，估计是想着如果有"雷"的话，我可以替他扛一些。我和牛金生老师是好朋友，蔡家豪也是我喜欢的厨师之一，他们和段誉联手做创新晚宴，无论如何我都会支持的，何况这场晚宴的起因还和我有一些关系。

九月的欧陆美食之旅，段誉、我还有其他几位厨师去了欧洲几个顶级餐厅，品鉴了诸如 Noma、Geranium、Mirazur 等餐厅的菜品，并学习了顶尖大厨的烹饪理念。除了菜品好看、好吃之外，烹饪理念和烹饪技法也是我们关注的重点。外国大厨对食材的分析和理解，以及他们对可持续发展的自觉的坚持，让我们看到了中餐烹饪的短板。

结束欧陆美食之旅一回到国内，段誉就计划着把欧陆美食之旅的学习心得通过一场晚宴的形式表达出来。我俩聊天时，我一再强调饮食是在融合、借鉴、碰撞中发展和提升的。既然要做几个菜出来，不如就在融合上做做文章，也许会出彩，也许会为中国味道找到更现代的表达方式，也许能为消费者提供更多的美味选择。尝试是我们应该做的，要做出别人没做过的东西，其实好坏无所谓，因为这种尝试是新鲜的，评价它需要有一个过程，或许这个过程还没结束，创新的人已在此基础上又向前走了许多步。

段誉很聪明，也肯下功夫，根据融合、借鉴、碰撞的思路，他找来了川菜大师牛金生老师和学西餐的厨师蔡家豪，再加上他自个儿，老中青三代厨师演绎了中西融汇、京川混搭，做了这场主题为"川流不西——京典永流传"的晚宴。

前菜比菜单上多了一个大蒜生蚝慕斯，味道惊艳。

1. 前菜

2. 绿叶仙贝

3. 干烧婆参

沉鱼落雁是黄鱼豆花与燕窝的组合，大厨将闽东壹鱼的黄鱼做成豆花状，配上清鸡汤和燕窝，黄鱼豆花味道鲜美、口感细滑腴美。好汤！好菜！

绿野仙贝的味道、口感、造型均为上乘。创意好，呈现妙。

这道干烧婆参概括起来就是香糯入味。豆酥的加入丰富了这道菜的口感和味道，大家不约而同地点了米饭，拌着配料一起吃了。香！

这场晚宴，前菜中的榅桲和蟹肉挞、大蒜生蚝慕斯等西餐元素明显的菜式，配搭得平稳和谐，几个菜式间味道过渡得舒缓自然。绿野仙贝精彩，干烧婆参好味。这几道菜真是个个精彩，做到了好吃、好看，其中的中西餐混搭合理巧妙，宾客们吃得很爽，在吃到美味的同时，也体会到了厨师的创意。

晚宴结束时，我忍不住又说了几句。我喜欢这样的混搭，这样的创新。首先，它逼着厨师动脑子，不同风格、不同菜系之间要找到过渡的方式、方法，保持宴会的一致性和高水准；其次，就"川流不西"晚宴所呈现的菜品来看，它们是既可以进入中餐厅菜单也可以进入西餐厅菜单的，中外客人都能接受并且会喜欢，至少今天的晚宴现场是一片称赞的声音。

1. 沉鱼落雁
2. 和煦暖阳柠檬挞

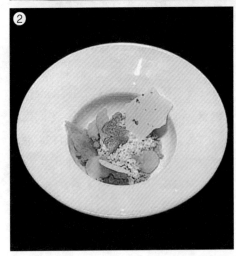

这样的试验不仅可以给消费者带来更多的美食，也可以让更多的人——尤其是不了解中餐的人去认识、理解中餐，还可以让他们喜欢上中国菜。川流不西，是传承，也是学习，更是创新！

第四篇 知人